我和我的导师（第三辑）

MY SUPERVISOR AND I (VOLUME 3)

中国地质大学（武汉）研究生院
中国地质大学（武汉）党委研究生工作部 编

图书在版编目(CIP)数据

我和我的导师.第三辑/中国地质大学(武汉)研究生院,中国地质大学(武汉)党委研究生工作部编.—武汉:中国地质大学出版社,2024.9.—ISBN 978-7-5625-5947-4

Ⅰ.P5-40

中国国家版本馆 CIP 数据核字第 2024N9J750 号

我和我的导师(第三辑)	中国地质大学(武汉)研究生院 中国地质大学(武汉)党委研究生工作部	编

责任编辑:胡 萌	选题策划:江广长 唐然坤	责任校对:宋巧娥

出版发行:中国地质大学出版社(武汉市洪山区鲁磨路 388 号)	邮编:430074
电话:(027)67883511 传真:(027)67883580	E-mail:cbb@cug.edu.cn
经销:全国新华书店	https://cugp.cug.edu.cn

开本:787mm×960mm 1/16	字数:353 千字	印张:18
版次:2024 年 9 月第 1 版	印次:2024 年 9 月第 1 次印刷	
印刷:武汉中远印务有限公司	印数:1-1100 册	
ISBN 978-7-5625-5947-4		定价:128.00 元

如有印装质量问题请与印刷厂联系调换

《我和我的导师》(第三辑)
编委会

顾　问：王　甫　章军锋
主　编：赵葵东　许德华
副主编：张　健　成中梅
编　委：(按姓氏笔画排序)

于晓舟　王小龙　王　任　王斯韵　王　碧
王　蕾　叶　静　刘彦娇　刘雪梅　刘　睿
张　俐　陈华文　苗　琦　易　明　庞伟红
洪　军　贾启元　晁念英　曹　喆　梁　媛
游　萌　戴安杰

序

时代更迭,教育长青;导师引路,薪火相传。在时代的洪流中,高等教育始终是挺立潮头、驱动社会进步与文明跃升的不竭源泉。习近平总书记在2024年全国教育大会上强调,教育是强国建设、民族复兴之基,而研究生导师群体则是推动教育强国宏伟蓝图实现的坚实支柱。他们凭借深厚渊博的知识储备、令人敬仰的崇高师德以及无私忘我的奉献精神,不仅承担着知识传承的重任,更以智慧的光辉为莘莘学子照亮前行道路,塑造着国家未来的希望。

《我和我的导师》自2018年第一辑出版以来,便以真挚的情感、动人的叙事,成为勾连师生情谊的精神纽带。书中记录的师生并肩成长、携手奋进的故事,至今仍令人印象深刻,值此之际,《我和我的导师》(第三辑)正式面世。本辑收录了更多不同年级、不同专业研究生群体与导师之间的暖心故事——这些故事如璀璨明珠,既串联起研究生成长道路上的思想蜕变、学术探索与人生抉择,也映照出导师们春风化雨、潜心育人的师德光芒,为当代师生关系的书写再添新篇。

研究生与导师的故事,是知识探索与智慧启迪的故事。从初入学术殿堂的懵懂探索,到勇攀科学巅峰的喜悦收获,每一个脚印都镌刻着导师的悉心指导与无私付出。他们是知识的播种者,更是智慧的点燃者,以深厚的学识底蕴和丰富经验,为研究生点亮一盏盏指引方向的明灯,照亮他们前行的道路。

研究生与导师的故事,也是心灵碰撞与情感交融的故事。在共同面对科研挑战、探讨学术问题的过程中,师生间建立起了一种深厚的情感纽带。导师的关怀与鼓励,如同春日细雨,滋养着研究生的心田,让他们感受到了温暖与力量。而研究生的敬爱与感激,也化作导师心中最珍贵的宝藏。

研究生与导师的故事,更是梦想追求与人生导航的故事。导师们不仅是学术探索的领航员,更是研究生精神世界的塑造者。他们言传身教,引导研究生树立正确的价值观、人生观、世界观,鼓励他们勇敢追梦,为实现中华民族伟大复兴的中国梦添砖加瓦,贡献力量。

如今,中国的高等教育正迎来前所未有的机遇与挑战。新时代的研究生教育更加注重创新与实践能力的培养,强调综合素质与创新精神的双重提升。研究生导师不仅需要具备深厚的学术功底,还需拥有广阔的视野与前瞻性的思维,引领研究生在时代浪潮中乘风破浪,探索未知,勇攀高峰。

学校将继续坚守"学高为师,身正为范"的教育信念,坚持不懈用新时代中国特色社会主义思想铸魂育人,不断强化研究生师资队伍建设,积极探索创新教育模式,为研究生提供更丰富多元、更高质量的教育资源与成长舞台。我们坚信,在全校师生的共同努力下,必将培养出更多德才兼备、勇于担当的新时代优秀青年。

愿本书汇聚能量凝聚共识,激励更多导师深耕教育沃土,为教育强国建设贡献智慧和力量。愿每位学子都能在导师的精心培育下,书写不负时代的人生篇章,共同绘制教育强国的新篇章。

2025 年 4 月 16 日

前　言

千秋伟业,人才为先;

行为世范,崇尚师德。

在高等教育的广阔天地里,研究生教育作为培养高层次创新人才的关键环节,其重要性和紧迫性尤为凸显。习近平总书记强调:"研究生教育在培养创新人才、提高创新能力、服务经济社会发展、推进国家治理体系和治理能力现代化方面具有重要作用。"这一论述深刻体现了以习近平总书记为核心的党中央对研究生教育的高度重视和期待,为新时代研究生教育改革发展指明了方向,提供了根本遵循。研究生教育作为高等教育的最高层次,是培养高层次人才、推动科技创新和社会进步的重要途径,必须不断加强和改进,以适应国家发展的需要,为高水平科技自立自强提供人才和智力支撑。

得天下英才而育之,是一所大学的幸运,更是每一位人民教师的幸运。研究生导师作为研究生培养的第一责任人,其重要性不言而喻。中国地质大学(武汉)的研究生导师们,不仅是学术上的引路人,更是学生涵养品德示范者。研究生导师们以身作则,弘扬践行教育家精神,用高尚的师德和精湛的学术造诣,为学生树立了人生的榜样。他们关注研究生的全面发展,注重培养研究生严谨的学术思维和勇于创新的实践能力,为研究生的成长成才奠定了坚实的基础。一位优秀的导师,能够对研究生的学术生涯产生深远的影响,甚至能够改变学生的一生。

在地大的校园里,每一位研究生卓越成才的背后都会有一段感人至深的导学故事。正是基于这样的认识,我们深感有必要通过一种形式,来记录和传承研究生导师与学生之间的感人故事,展现研究生导学关系的丰富内涵和深远意义。这些故事不仅仅是师生间学术交流的记录,更是情感交融、价值认同和精神传承的见证。它们将激励更多的导师投身于研究生的培养工作中,以更加饱满的热情和更加专业的态度,去关爱每一个学生,去培养每一个有潜力的高层次创新人才。同时,这些故事也将鼓舞更多的学生在学术道路上勇往直前,不断追求卓越,为实现个人的梦想和国家的繁荣贡献自己的力量。

崇高的榜样引领、精神激励是教育事业发展的不竭动力。一本汇聚了众多研究生与导师之间感人故事的书籍应运而生。《我和我的导师》(第三辑)以研究生的视角,叙述了一段段真实、感人的导学故事,让我们深刻感受到研究生导学关系的独特魅力和深远影响。书中的每一个故事都是那么真实、那么动人,它们让我们看到了导师们的辛勤付出和无私奉献,也让我们看到了学生们的成长与进步。这些故事不仅是对过去优秀导师和学生感人故事的回顾和总结,更是对未来研究生教育工作的激励和期许。

《我和我的导师》(第三辑)第二篇特别介绍了我校优秀导学团队的风采。2020年学校研究生教育大会召开,结合新时代研究生教育特点,深入挖掘导师与学生间的思政工作元素,推动"有组织的育人",启动研究生导学团队建设,并将其作为研究生培养的基本建制,形成了独具地大特色的导学文化。自2021年以来,已有181个导学团队(1079名导师、7225名研究生)通过备案参与培育创建,覆盖全校50%以上研究生师生,形成了"比学赶超"的良好氛围。经过培育创建、风采展示和公开答辩评审,学校评选出7个卓越导学团队作为创建典型予以表彰宣传,并授予32名教师"研究生的良师益友"荣誉称号,营造了尊师重教、教学相长的良好氛围,滋养了师生崇德向善、积极进取的内生动力,实现了导学双赢。本辑收录了首届卓越导学团队中的3个团队事迹材料,以及30个导学团队的风采展示材料。

我们期待着这本书的出版,能够进一步弘扬尊师重教的优良传统,营造和谐导学关系,夯实研究生卓越导学团队建设,厚植广大研究生导师的育人情怀,激发广大研究生的成长成才志趣。我们相信,在广大导师和学生的共同努力下,一定能够为建设教育强国、科技强国、人才强国贡献力量。

目 录

第一篇　老师与学生的故事

1 人淡如菊,心素如简——马正老师与学生的故事 ……………………… 3
2 师者如光,微以致远——张梅珍老师与学生的故事 …………………… 10
3 志合者,不以山海为远——侯志军老师与学生的故事 ………………… 16
4 从小师弟到"二师兄",他在灯塔下护航——杨明老师与学生的故事 …… 24
5 采花酿蜜,一路芬芳一路歌——苏玉平老师与学生的故事 …………… 30
6 雪域高原找矿人!——郑有业老师与学生的故事 ……………………… 37
7 师泽如光,虽微致远——钟玉龙老师与学生的故事 …………………… 43
8 师者仁心,香远益清——孙启良老师与学生的故事 …………………… 48
9 经师易得,人师难遇——文国军老师与学生的故事 …………………… 53
10 "厂子哥"带我蹚过千里征程——唐厂老师与学生的故事 …………… 59
11 师予三"锐",助我一路"披荆斩棘"——郭锐老师与学生的故事 …… 66
12 吾爱吾师,严谨治学,桃李满园——王国灿老师与学生的故事 ……… 72
13 求学路上的"指南针"——杜学斌老师与学生的故事 ………………… 77
14 广阔天地,大有作为——齐睿老师与学生的故事 …………………… 83
15 君子成仁,温良如玉:这位导师不简单——胡成玉老师与学生的故事 …… 91

16 "宝藏"老师!他用全心全意回应我青春闪烁的目光——张传科老师与学生的故事 ·············· 98

17 引千里之行,筑梦海阔天空——姚尧老师与学生的故事 ············ 105

18 研娱双全,亦师亦友:这个博导真有趣——龚文引老师与学生的故事 ······ 110

19 科研五载好时光,情深意切教相长——禹文豪老师与学生的故事 ······ 116

20 率真、严谨的"蒋学长"——蒋良孝老师与学生的故事 ············ 124

21 丹心热血沃心花,德义门生自得意——徐德义老师与学生的故事 ······ 132

22 追随星辰的脚步,他是我的科研筑梦人!——郭上江老师与学生的故事 ······ 137

23 忽遇文殊开慧眼,他年应记老师心——鲍建国老师与学生的故事 ······ 146

24 导师是束光,照亮我前行——郑贵洲老师与学生的故事 ············ 153

25 师恩化雨,润物无声——於世为老师与学生的故事 ··············· 160

26 山高水长有时尽,唯我师恩日月长!——张孝进老师与学生的故事 ···· 166

27 行远自迩系教育,春风化雨育人才——朱冬元老师与学生的故事 ······ 173

第二篇 导学团队

1 环境水文地质导学团队:以"水"铸魂,师生齐心让老百姓"喝好水" ········ 182

2 陆海空间探测与评估导学团队:上天入地下海登极,在强国建设征程中"勇攀高峰" ··············· 193

3 构造-成藏年代学导学团队:四代人传承育人薪火,服务国家能源重大需求 ··············· 203

4 参评卓越导学团队风采 212
- 地球科学学院特提斯及古生物演化导学团队 ············ 213
- 地球科学学院行星地质学导学团队 ················ 214
- 地球科学学院岩石圈演化导学团队 ················ 216
- 资源学院沉积过程与动力学导学团队 ··············· 218

- 材料与化学学院可持续能源导学团队 …………………………………… 219
- 自动化学院控制理论与控制工程导学团队 ……………………………… 221
- 经济管理学院南望学苑品牌研究导学团队 ……………………………… 222
- 地理与信息工程学院高性能空间计算智能实验室导学团队 …………… 224
- 计算机学院智能学习与信息自动化处理导学团队 ……………………… 226
- 体育学院户外教育与思想政治教育融合导学团队 ……………………… 227
- 地球科学学院地球生物学导学团队 ……………………………………… 229
- 地球科学学院金钉子导学团队 …………………………………………… 231
- 资源学院矿床学导学团队 ………………………………………………… 233
- 资源学院沉积过程定量化导学团队 ……………………………………… 235
- 材料与化学学院先进涂层导学团队 ……………………………………… 238
- 环境学院环境地球化学导学团队 ………………………………………… 240
- 工程学院深部钻探与能源地质工程导学团队 …………………………… 242
- 海洋学院海洋地质灾害导学团队 ………………………………………… 245
- 机械与电子信息学院工程机械设计及其自动化导学团队 ……………… 248
- 自动化学院工业过程控制与数据挖掘导学团队 ………………………… 250
- 经济管理学院能源环境管理与决策研究导学团队 ……………………… 253
- 外国语学院译地译国导学团队 …………………………………………… 255
- 数学与物理学院微分方程与动力系统导学团队 ………………………… 257
- 珠宝学院首饰设计与工艺导学团队 ……………………………………… 260
- 公共管理学院国土空间规划治理与城乡发展导学团队 ………………… 262
- 公共管理学院国土空间优化与治理导学团队 …………………………… 265
- 计算机学院地质信息技术导学团队 ……………………………………… 267
- 艺术与传媒学院地学科普传播导学团队 ………………………………… 270
- 马克思主义学院思想政治教育导学团队 ………………………………… 272
- 国家地理信息系统工程技术研究中心智慧地球导学团队 ……………… 274

第一篇
老师与学生的故事

人淡如菊,心素如简
——马正老师与学生的故事

导师简介

马正,女,教授,原石油系退休教师,油藏工程专业学科带头人,小层沉积微相的奠基人,油气测井地质学的开山鼻祖,原国家教育委员会高等学校理科学科教学指导委员会委员,1978年全国科技大会科研成果一等奖获得者,主持多项科研课题,发表学术论文40余篇,编著的《油气测井地质学》教材至今仍然是石油工程专业的教科书。1952年以第一志愿被北京地质学院录取,在矿产地质及勘探系学习4年。应国家石油地质行业人才培养和学校发展之急需,马老师以优异的成绩提前一个月毕业,留校任教,从此深耕石油教育事业并为之奋斗40余年。她行为人师、学为世范,她忠诚党的教育事业,潜心教书育人。她培养的17名研究生都已成为国家的栋梁之材,最早培养的埃及、利比亚国际留学生归国后也成为了该国能源行业的翘楚。马老师人淡如菊,心素如简,桃李满天下,春晖遍四方,是吾辈学习追随的楷模。

马正教授(左一)参加原国家教育委员会高等学校理科学科教学指导委员会工作会议

潜心教研，衣带渐宽终不悔

马老师是1956年留校当老师的，刚工作两年就接到一项艰巨的任务——在鄂西南与四川交界的、人迹罕至的山区完成1:20万地质填图与找矿。这个名叫"杀人坳"的地区山势雄伟，悬崖耸立，山洞千丈，是猴群经常出没的地方；再加上没有可用的地形图，只有为数不多的低分辨率航空照片，地面标志物屈指可数，找矿难度可想而知。这位只有23岁的年轻女教师带领着比她小不了几岁的大学生们，吃住同行，用肉眼看航空照片，练就了一双"火眼金睛"。就是在这极其艰难困苦的条件下，马老师带领着学生们历经千辛万苦终于在悬崖下丛林隐蔽的大山深处发现了3m厚的铁矿露头，并通过挖深槽等勘探手段确认此处蕴藏着可以开采的储量上万吨的铁矿和铜矿。这在工业体系尚未建成的年代，次找矿成果可谓是"雪中送炭"。

1960年，马老师又带领两个班的学生与"铁人"王进喜一起参加大庆石油会战。生活上的困难，在马老师的眼里似乎都不是事儿，反倒是亲身经历的那次最著名的"井喷事故"给她留下了难以磨灭的印象。当时马老师带领学生队长路过王进喜的井队，就与坐在值班房地上的王进喜聊给学生上课的事，突然听见有人喊："队长，泥浆上冒了。"这是井喷的预兆，要尽快加大井内的泥浆比重！在这千钧一发的时刻，他们飞快地跑到井场，把25千克重的重晶石粉袋子连扛带抱地拖到泥浆槽旁，王进喜队长、钻工们和马老师带领的学生队长毫不犹豫地跳进泥浆槽内，用身体搅拌泥浆。随着泥浆比重不断增大，油层的油压得到了控制，"井喷事故"被消除，这一事故抢救的真实场景却永远留在了马老师的记忆深处。影片《王进喜》也生动再现了这一历史时刻，并在一代代石油人中广为传颂。亲身经历这些难忘的历史时刻无疑是一笔宝贵的精神财富，更坚定了马老师矢志教学、培养学生、献身石油事业的决心。她几十年如一日，潜心教学科研，衣带渐宽终不悔。

科研报国,广阔南海寻石油

1990年,马老师在与中国海洋石油南海东部有限公司开展科研项目合作时,在国外专家面前展示了豪迈的民族气节。南海蕴含丰富油气资源,是我国的宝贵财富,马老师深深地认识到了这一点,并在南海开展了大量的基础研究。当时她带领2名青年教师和5名大学生用了半年时间,从看岩心、对比测井曲线开始,建立了岩石相和测井相图版,以纯手工成图的方式完成了巨量的基础研究工作。中国海洋石油南海东部有限公司有当时最先进的、由美国斯伦贝谢公司提供的微扫描测井和高分辨率地层倾角测井资料,测井解释资料往往被认为是最权威的成果。美国斯伦贝谢公司认为研究区储层沉积相属于珠江三角洲水下分流河道沉积,马老师团队通过认真细致的岩心观察和小层沉积微相研究,认为该研究区属沿岸滩坝沉积,找油的方向应该平行于海岸线方向,而不是沿着河道垂直海岸线的方向。在汇报时马老师有理有据地阐述自己的观点,在场的美国专家的表情由半信半疑转为肯定,当场表示要按照马老师的思路布井,重新设计井位。海上打井是要耗费巨资的,正是马老师扎实的沉积相理论知识的合理运用,转变了美国专家的思路,也为中国海洋石油南海东部有限公司节省了大量资金。钻井结果证实了马老师的观点,并为该区下一步勘探开发指明了方向。

马正教授(右四)主持的科研项目结题会议

马老师从这次的科研经历中总结了两点,至今仍是我们工作的原动力。一是要踏实深入地工作;二是要广开思路,坚定信念,才会有丰厚的回报。这个项目的经费是1万元,仅能维持差旅费,但是马老师以严谨的科研精神,坚定自己的观点,找回了中国自信。这一笔精神财富是取之不尽用之不竭的。

甘为人梯,传承衣钵续奋斗

马老师给我印象最深的是她终身学习的理念——活到老、学到老。我跟随马老师20多年,从吉林到大庆、从甘肃到新疆,马老师手把手教我做科研,面对面带我悟人生。我深刻领悟到了老师学为人师、行为世范、终身学习、求实创新的精神风范。

我第一次参加科研项目是在攻读在职研究生期间马老师带我去吉林油田做"新民新庙沉积微相研究"课题,每人完成一张用透明纸手绘的连井剖面图。至今我还记得因为我画错了一口井的顶面深度,马老师让我重新绘制整条剖面的情景,恩师的严格指导让我养成了严谨认真的工作习惯。和马老师一起出差的日子,我们住一个房间,马老师每天都起得比较早,然后出去一会儿再进来,如此反复3次,如果我还没有起床就要挨批评了。我总能在马老师第二次出去的时候抓紧起床收拾,准备好工作用具一起出发。

马老师退休前的学习生活始终围绕教学、科研工作。马老师的英语很好(小学三年级就开始学习英文),一有时间就阅读英文文献,特别喜欢"井下地球物理测井"专业。通过自学和多次在油田测井队学习,掌握了测井地质学的原理与方法,并将其应用到大港油田的科研项目中,项目成果在1978年获得了全国科技大会科研成果一等奖。1994年马老师自费出版的教材《油气测井地质学》,至今仍然是相关专业指定的教科书。马老师退休后定居北京,选择在海淀区老年大学重新当学生,学习书法、写意山水画。马老师还参加了南开女子中学校友合唱团,这些活动她坚持了多年。2005年马老师回到武汉参加座谈会,给我们分享了她的绘画作品,画如其人,赏心悦目。

2005年马正教授来武汉展示自己的画作

马老师退休后多次去美国加利福尼亚州带外孙。英语好、性格随和的她生活自如，经常给我们分享国外石油行业的最新科技成果。2003年12月25日，我去看望马老师，马老师非常高兴，给我们讲述了她在国外的所见所闻，询问我们的工作生活状况，教导我们要利用好在国外的时间多学知识，开阔视野，回国后用到教学、科研中。马老师的学生们谨记马老师的谆谆教诲，在各行各业中发光发热。今天我能成为一名像马老师一样的人民教师，才知道在讲台上"举起的是学生，奉献的是自己！"感恩马老师用生命之光，照亮了我的人生旅程。

"新竹高于旧竹枝，全凭老干为扶持。明年再有新生者，十丈龙孙绕凤池。"转眼我也到了快退休的年龄，除了继承导师衣钵努力从事地质方面的教学与科研外，还兼任石油工程系党建工作，教书育人，回馈恩师对我的培养。饮其流者思其源，学其成时念吾师。祝福恩师福寿延绵，韶华永驻。

有一种教育叫倾其所有，有一种大爱叫博施济众，有一种形象叫和蔼可亲，有一种精神叫赓续传承，这就是可敬可爱的马老师。

导师马正教授（左一）给我拨穗

假如我们是搏击长空的雄鹰,是您给了我们腾飞的翅膀;

假如我们是中流击水的勇士,是您给了我们弄潮的力量;

假如我们是夜空长明的火炬,是您给了我们青春的光亮。

直到今天,您洒向每一位学生的大爱,依然像阳光雨露一样,滋润着我们,成为弥足珍贵的精神财富。

无论我们走到天涯海角,永远难忘您的谆谆教诲和拳拳之意。

愿蓝天白云捎去我们虔诚的祝福和深深的敬意!

作者简介

谢丛姣,女,教授,教育部首批全国高校"双带头人"教师党支部书记工作室负责人,湖北省优秀基层教学组织负责人。从教 30 余年始终坚守匠心,忠实践行人民教师的责任担当,努力做"四有"好教师,为党育人、为国育才;坚守初心,将支部发展建设扛在肩上,积极推动学科建设、人才引进、人才培养等,在蒸蒸日上的石油工程系留下了奋斗的足迹;坚守恒心,积极献身"为祖国寻找富饶矿藏"的崇高科学事业。曾作为访问学者分别前往美国加利福利亚大学圣迭戈分校、英国帝国理工学院开展交流合作,归国后投身到科研一线,为油田企业解决技术难题,发表学术论文 60 余篇。近年来,曾获中国石油和化学工业联合会科技进步奖特等奖 1 项、湖北省科学技术进步奖三等奖 1 项、湖北省高等学校教学成果奖一等奖 1 项,获评"全省优秀共产党员""中国地质大学(武汉)第三届师德师风道德模范""中国地质大学(武汉)优秀共产党员""中国地质大学(武汉)最受学生欢迎老师"等荣誉称号。

2

师者如光，微以致远
——张梅珍老师与学生的故事

导师简介

张梅珍,女,教授,艺术与传媒学院副院长,国家级一流本科广播电视学专业负责人。担任湖北省高等教育学会新闻与传播教育专业委员会副会长、湖北省科技传播学会秘书长、中国地质作家协会主席团成员、霍英东教育基金会高等院校青年教师基金及青年教师奖网络评审专家、湖北省社会科学基金评审专家、湖北新闻奖评审委员会委员等学术兼职。主要研究方向为媒介经营与管理、传播理论与应用。先后2次获湖北省社会科学优秀成果奖三等奖,主持的教学成果先后获湖北省高等学校教学成果奖二等奖、三等奖。获中国地质大学(武汉)2022年度本科教学卓越教师奖和"研究生的良师益友"称号,所负责的研究生导学团队获批学校"示范导学团队"。

张梅珍老师

始于初见,我与导师的"第一次"

我与张梅珍老师的第一次接触是在线上保研面试时,当时没有图像只有声音。第一次听到张老师鼓励我跨专业报考,我心头一热,开始对新闻传播学有了心动的感觉。2022年9月,在艺术传媒大楼的走廊上我第一次见到了面带微笑的张老师,虽是初秋却如沐春风。在对传媒环境和传媒产业重新认知的教学课堂上我第一次与张老师进行了教与学的交流。

张梅珍老师在教室为学生上课

因材施教,引导学生追求学术创新

张老师根据每个学生的不同特点,发挥他们各自的优势,倡导以学术研究培养学生的学术创新和理论创新能力,以实践创作提升学生的应用能力和综合素质的育人模式。

苏慧在参与课题研究方面基础厚实,张老师就引导她参与社会科学基金等重要课题的调研、学术交流活动,该同学现已在中国地质大学(武汉)攻读博士学位,发表多篇 T2 级别论文;曹欣怡、陈欣在学术论文写作方面具备潜质,张老师就带领他们从选题立项、文献阅读、论文写作与技巧等方面加以训练,她们已发表多篇 T3 级别论文;陈佳玥、熊雅雯在专业实践和艺术创作方面独具优势,张老师就鼓励她们参加各种专业竞赛、科普宣传等活动,她们的作品多次获得国家级、省级大学生广告艺术大赛和科普微视频大赛奖项。

● 学生竞赛代表成果

我本科毕业于中国传媒大学视觉传达专业，2022年保研推免时张老师就很清晰地指出了我的研究方向——视觉和影像传播。张老师希望我提前谋划，将艺术学和新闻传播学进行交叉融合，形成特色研究成果。

价值引领，培育学生家国情怀

新闻传播学具有强烈的意识形态属性和实践性，张老师一直秉持正确的价值追求，注重对学生的思想引领，引导我们树立马克思主义新闻观、坚持正确的舆论观，成为新闻舆论"四力"的践行者，并始终将这些元素植入课堂教学、论文开题、论文写作和实践创作中，导学思政成效和科研成效显著。

张梅珍老师总是强调，在中国地质大学（武汉）办新闻传播学学科必须与学校的优势学科结合。作为新闻传播学学科负责人的张老师除了在学科方向凝练、团队组建予以体现这一点外，近几年同学们的论文选题主要聚焦于生态保护、宜居地球主题。科普传播、环境治理与湿地保护信息传播、地质科学家精神传承、水污染报道等成为我们团队的研究热点，先后有3篇学位论文获评校级优秀硕士研究生学位论文。近4年来，张梅珍教学团队先后主持课程思政和"马克思主义理论研究与学科建设计划"教学项目5项，开设"马克思主义新闻观""环境与科技传播"系列课程,让课程思政和学科特色"同轴共转",达到价值引领与知识传授的良性耦合。

张梅珍老师(左一)与同学们进行学术讨论

以文化人,引导学生全面成才

学校在70多年的办学实践中已经形成了特色鲜明的校园文化、学术文化和育人文化。张老师团队得益于大学文化之道,围绕地学科普传播主题开展相关学术研究和实践创新活动,其实践探索与成效受到政府和高校的高度关注与好评,先后受邀为武汉市洪山区政府开展基层科普员培训,为中南财经政法大学、南京理工大学等高校作科普专题讲座。

在学校的大型活动报道中,总能见到张老师学生的名字,他们用文字书写中国地质大学(武汉)红色文化故

张梅珍老师作导学团队报告

事;《探秘地球关键带》《月牙泉的前世今生》等科教片在国家级、省部级各类竞赛中屡获大奖,他们用镜头记录科学的奥妙、地球的神奇;学生熊雅雯参加2019年湖北省科普讲解大赛荣获一等奖,作为主持人多次主持学校的大型活动,学生李芷怡在学校的舞台剧《大地之光》中曾扮演女主角楚芸,他们用声音传递建设"美丽中国宜居地球"的大学方略。

论坛讲座里她是端庄大气的张教授,课堂讲授中她是思维敏捷的张老师,围炉煮茶时她是温和亲切的张妈妈,这就是我们眼中的导师。她用严谨认真的治学态度影响着我们,用仁爱之心呵护着我们,用热爱生活的阳光心态感染着我们。张老师是我们人生成长路上的指导者和引路人。

作者简介

杨滢,女,艺术与传媒学院2022级研究生,本科毕业于中国传媒大学,主要研究方向为视觉和影像传播,曾获校级"三好学生""优秀学生干部"等荣誉称号,参与策划第23届全国推广普通话宣传周融媒体传播系列活动,获2023年湖北大学生新闻传播教育创新实践技能竞赛一等奖、第九届江苏省科普公益作品大赛二等奖等多项荣誉。

志合者，不以山海为远
——侯志军老师与学生的故事

导师简介

侯志军,男,1975 年生,新疆奎屯人,教育学博士,博士生导师,现为中国地质大学(武汉)教育研究院教授,中国地质大学(武汉)党委宣传部部长,兼任中国高等教育学会院校研究分会常务理事、中国高等教育学会宣传工作研究分会副秘书长。主要研究方向为思想政治教育、高等教育学、教育心理学、学生发展理论。独著、主编及参编《社会资本与大学发展》《新时代高校教育管理实务》等著作 5 部,先后主持教育部人文社会科学研究课题近 20 项,获省部级教学成果奖等多项,曾获评中国地质大学(武汉)"最受学生欢迎老师"。在大学改革与发展、学位与研究生教育、高校学生事务管理等领域发表研究论文 40 余篇。

侯志军老师

什么样的老师才是一名好老师?这不仅是教育研究日常关注点,也是广大师生殷切期盼。研究生 3 年,我一方面把导学关系列为自己的重点研究方向,另一方面也欣喜地发现一个现实中的典范恰恰就在我的身边。

我与侯老师的初识是在第 16 届亚太学生事务协会年会上,会上侯老师乐观随和的处事态度令我印象深刻。在后来的点滴相处中我更加发现,侯老师所展现的人格魅力、开放视野和深厚学养是值得我们终身学习的宝贵财富。正所谓"器大者声必闳,志高者意必远",侯老师为人、为学、为事的榜样作用,早已超越了他个人的价值追求,更成为激励学生们跨越山海、无远弗届的精神力量。

侯老师在 2019 年中国高教学会院校研究学术年会上做分会场总结发言

因材施教，立志育人

侯老师常对我们说："种一棵树最好的时间是 10 年前，其次是现在"。早在 10 余年前，侯老师带领团队便迫切关注到当代研究生教育中存在的局部困境，即在工具理性和功利观念影响下，个别导生关系沦落为知识传授者与知识接收者、雇佣者与被雇佣者之间的关系，导生交往危机频繁发生。通过 10 余年理论与实践的双向构建，侯老师带领我们从实证研究的角度分析了导师指导对研究生知识共享行为、就读期望、专业认同、创新能力、科研效能、价值观念等方面的影响。这些结论概括起来简化为一条，就是研究生导师唯有通过"传道授业解惑"的"经师"和"人师"的统一，才能真正实现对研究生能力素养和完美人格的陶冶育成。

正是在这个教、学、研三者相长的过程中，侯老师对我们的指导也格外重视方式方法和循循善诱。同时，侯老师的研究成果也得到了学界的广泛认可，还受邀为广西师范大学等高校开展导师培训讲座。

与侯老师交流的过程中，总能发觉侯老师在耐心地聆听我们有哪些特长、有哪些兴趣、遇到了什么困惑、想做些什么事情。而在问询之后,侯老师又会始终鼓励我们把目标定得更高一点,不要害怕失败,没有什么不可能的。侯老师常说,一个人的发展离不开"胆、才、识"3个字。"识"是知识、是见识;"才"是才华、是创造;"胆"是责任、是担当。三者间"识"是基础,"才"是支撑,而"胆"则是关键,它决定了一个人发展的上限。因为有"胆"才能勇于任事、敢于担当,没有胆,不敢冒风险,何以成其事。

侯老师虽然在科研中对我们提出了极为严格的要求,但从来不把我们限制在"唯科研""唯论文"之中,而是因势利导地鼓励我们多追求"异质性经历""不要对自己说不"。本科期间,我参与的学生工作和活动相对丰富,侯老师说:"多做从0到1的事,你现在再做这些帮助不大,要学着做一名坐得住冷板凳的研究者"。有同门性格内敛、疏于表达,侯老师鼓励会鼓励他们多去参加活动比赛,抓住每一次上台表现的机会;也有同门热爱艺术、特长突出,侯老师则教导他们不要放弃自己的优势,想想怎么把喜欢做的事和应该做的事结合起来。在这种个性化的引导和激励之下,我们也收获到了不断尝试、超越自我的"巅峰体验"。

● 侯老师与学生们

传道施导,矢志不渝

与平日里乐观随和的形象不同,侯老师对待学术的态度是十分严谨并近乎苛刻的。记得有一次我拿着一篇论文去找侯老师讨论能否修改发表,侯老师一连串的发问则让我惭愧至极:你研究的问题是什么?你想通过研究解决什么问题?这项研究是否已经解决了?这项研究有没有意义?相关结论有什么学术和实践价值?侯老师教导我做研究要做深做实,不能浮于表面,写论文也要持续打磨而不能浅尝辄止,如果想草草了事,那么还不如不做。虽然有的时候与老师讨论论文也让我有点望而却步,因为几乎每一次探讨都会有新想法,也许就要推翻旧框架,重构新体系,但也正是这个不断打磨、不断发问、精益求精的过程,培养了我们对学术的敬畏之心,也树立了对研究求真、求实的严谨态度。许久之后,那篇曾经被批得不成样子的论文经历前后近20次修改也终于发表在领域内重要期刊上。

在传道施导方面,侯老师不仅重视严肃认真的治学态度,而且也总能在宏观方法论的层面给予我们诸多启发。在科尔曼社会理论建构逻辑的基础上,侯老师创造性地向我们阐释了"社会科学研究的梯形结构"模型(以下为我个人理解),即社会科学研究必须从现实问题出发,向下深挖一层,抽象(也包含简化与舍象)得出背后的学术或理论问题,基于恰当的研究方法和规范的研究过程得出对问题的学术解释或解决方案,最终将其转化为对问题的现实理解和阐释。只有经历这样一个完整的研究过程,才可能得到科学的理论性的理解和认识。而直接从经验或常识视角对问题予以判断和解决,得到的认识很可能流于表面,也很难形成系统性、规律性的深入理解。这一模型始终启发着我们从问题侧、需求端和科学性的角度反思自己的研究和成果。

侯老师在学院毕业生送别会上发言

让我印象更为深刻的是,尽管平日里侯老师各方面事务尤为繁忙,但他心中还始终记得我们成长的"关键节点",并尽己所能地予以帮助。回首过往,当我因考研而疲惫困顿时,侯老师向我说起了自己当年在职求学的经历,"窗外是雪落雨下,窗内是奋战至凌晨的身影";当我刚刚入学摇摆不定时,侯老师教导我,"研究生要同时适应作为学生和作为学者的身份,研究者必须养成一种内在的冷峻,保持独立的思维和克制的习惯,理性地去看待世界";当我因过往经历和熟悉研究方法沾沾自喜时,老师提醒我,"要想有新的成就,必须从现在的这座山上下来,才有希望达到新的高度";当我因申博而彷徨不安时,老师告诉我,"年轻人要有年轻人的心气和勇气,想去做什么就大胆去做,我全力支持你"。人生甚幸遇良师,能在求学路上遇到侯老师是我们莫大的幸运。

立身正行,弘志向远

在中国大地上,无论古今,师者、学者们常说的"为人为学"和"道德文章",之所以把"为人"和"道德"放在"为学"和"文章"之前,就是把人的精神追求和社会责任视为人生的首要意义与价值。老师正是在言为士则、行为世范的自觉中,不断提高自身道德修养,以模范行为深刻影响和带动学生。于我们而言,侯老师的一言一行恰是对我们最好的示范和激励。

侯老师在活动中发言

侯老师言行对我们的"世范"引领首先体现于对工作、事业的全情投入。肩负责任的他平日里的忙碌程度大家有目共睹。然而侯老师却从未因自己的工作繁忙而忽视学生。除了日常向我们分享学术资讯、定期询问研究进展,侯老师绝大多数的休息时间也都被工作、学术研究、指导学生占满。一个最为常见的场景是,当我或其他同门吃过晚饭去找老师商讨问题时,老师刚刚结束一天的工作还没离开办公室,却仍细心询问我们的学习进展,悉心指导我们的研究和工作,甚至耐心地倾听我们的生活和感情困惑。在此之外,跨学科交流、特邀讲座、专题汇报……老师最大程度地为我们精心安排各种师门活动。

侯老师的言行"世范"还体现在豁达宽厚的胸怀和对学生毫无保留的关爱上。虽然平时讨论学术十分严肃,但在师门聚会等场合,老师总会谈到我们每个人的优点,会为我们找到好工作、有个好出路而高兴,学生还没毕业他就开始嘱咐以后师门活动也要经常回来。2020年,因为疫情导致我们无法返校,侯老师提议通过钉钉平台进行在线打卡。他督促大家每晚根据研究方向轮流进行学术汇报,并针对大家的汇报内容进行细致的点评,给出指导性建议。后来我们才得知,那段时间侯老师抱病在身,正独自在医院休养。他说,每天与我们交流的这几小时是他最快乐的时间。

师门研讨会

古人云:登山则情满于山,观海则意溢于海。一位良师对学子的影响是深远的。侯老师的教导不只是对我们研究生阶段成长的指引和驱策,更是我们笑对人生、行稳致远的宝贵财富和精神感召。祝愿老师身体健康、工作顺利、阖家幸福,也愿侯老师的所有弟子们不辜负老师的一番厚望。

作者简介

田家玮,男,1996 年生,河北抚宁人,华东师范大学教育学部博士研究生,我校地理与信息工程学院 2019 届、教育研究院 2022 届毕业生,主要研究方向为拔尖创新人才培养与区域高等教育。曾任我校毕业生委员会、学生会主要学生干部。在校期间,先后获各级荣誉奖项 30 余项,在《中国高教研究》《复旦教育论坛》等刊物发表学术论文多篇。

从小师弟到"二师兄",他在灯塔下护航
——杨明老师与学生的故事

导师简介

杨明，男，中国地质大学（武汉）材料与化学学院教授，博士生导师，"地大学者"青年拔尖人才，可持续能源技术与应用导学团队导师组成员，国家部委能源专业组专家，湖北省氢能技术创新中心副主任。

近年来，他围绕氢能的安全高效、长周期、大规模储运这个"卡脖子"问题，开展有机液体储运氢、铝基浆料水解制氢等关键技术系统研究与创新，提出了氢能在常温常压下安全储存的新理论和新方法，开发了一系列安全高效储供氢系统。以

杨明老师

第一/通讯作者身份在 Applied Catalysis B：Environment and Energy（4 篇）、ACS Catalysis、Journal of Energy Chemistry 等高水平 SCI 期刊发表论文 46 篇（1 篇高被引论文）；参与编制团体标准 4 项，申请专利 56 项，授权 22 项，部分成果技术作价 2000 万元转化落地并创造直接收益超 5000 万元；受委托起草《湖北省加快发展氢能产业行动方案（2024—2027 年）》（鄂政办发【2024】45 号）。主持湖北省重大创新专项等省部级以上项目 10 余项，总经费超过 2400 万元。

青春作伴,科研引路

2020年的炎炎夏日,怀揣着对研究生生活的向往与期待,我步入了新投入使用的未来城校区的校门。校园内建筑别具一格、错落有致,花草树木生机盎然,严谨又活泼的氛围扑面而来。那一刻起,我就确定,这就是我心心念念想继续深造的地方。

初见杨明老师是在他的办公室,懵懵懂懂的我带着行李,走到杨老师面前,操着浓重的东北口音做了不算连贯的自我介绍。记得杨老师温和地说:"这么远,辛苦你了,今后在学习生活中我会严格要求你的,做好准备吧!"

事实证明,在后来的学习生活中,杨老师团队不仅是我学术追求的起点,更是我人生成长的沃土。初进实验室,面对复杂的实验流程和繁多的科研文献,我时常感到惶恐和不安。每当我打退堂鼓的时候,杨老师总是能及时地出现,用他那沉稳的声音,细致地解释每一个实验步骤,解答每一个学术疑惑。

在杨老师的帮助下,我逐渐找到了研究方向,也学会了如何在科学的海洋中探索,更重要的是学会了如何思考和解决问题。

杨明老师指导团队成员学习实验仪器操作

随着研究学习的深入,我急切地想做实验、快速地处理数据,迫切地想写小论文,但是我的急功近利几乎让我的努力前功尽弃。这时,杨老师找到我,他没有责怪我。他告诉我:"心静才能出好成果、真成果。我们的研究方向紧贴国家战略需求,作为科研人员,肩负的责任不仅是做出优秀的科研成果,更重要的是要有服务国家的意识。"将我们培养成为有责任、有担当、善于解决复杂工程问题的工程师是杨老师的目标。

终于,我在研三时以第一作者身份在国际高水平期刊 Applied Catalysis：B-environmental 发表了我的科研成果。

聚焦氢能,筑梦未来

杨老师围绕氢能的安全高效、长周期、大规模储运这个"卡脖子"问题,聚焦氢能关键技术研究与创新,开展有机液体储运氢、铝基浆料水解制氢等关键技术问题的研究。平常杨老师总是鼓励我们多多"走出去,带回来"。"走出去"是指带领我们出国交流访问,参加各类学术会议并要求我们作口头报告。从开始的战战兢兢到后期的跃跃欲试,我的学术视野得到了极大拓展,个人自信及表达能力飞速提升。"带回来"是指将国际国内最新的研究进展在组内总结汇报,与组内的所有同学一起分享学习,几次遇到的实验难题因参加学术会议时获得的灵感迎刃而解。在杨老师的影响下,课题组同学间相互取长补短,严谨认真、合作共赢的学习氛围让课题组同学成为了最亲密的伙伴和战友。

杨老师是校级教学竞赛特等奖获得者。他的每一堂课都有随处可见的应用实例,小到铅笔芯,大到重型卡车,通过各种实例来加深我们对理论知识的理解。他在教学设计中始终坚持"为学而教"的理念,注重让学生有效地获取知识并提升学生

🌱 杨明老师参加校级教学竞赛

的思考能力。杨老师还特别重视课堂互动,总能创造一个充满活力和互动的学习环境。在他的课堂上,每个学生都有发言的机会,每个疑问都能得到耐心的解答。他的教学方式不仅让学生们掌握了知识,更培养了学生们的批判性思维和创新能力。

亦师亦友,关心备至

生活中,杨老师对我们的关怀也是无微不至的。疫情期间,毕业班同学因着急做实验,回家的时间一拖再拖,杨老师始终坚守在实验室,与学生在一起,给学生信心和鼓励。时至今日,已毕业的师兄师姐每每回忆至此都感慨良多,对杨老师的守护和支持铭记于心。疫情之后,杨老师更加认识到身体健康的重要性,直接把"每周至少户外锻炼2小时"写进了团队研究生日常管理制度。为了让枯燥的科研生活变得多姿多彩,杨老师还经常组织我们一起聚餐,参加丰富的户外活动。

杨明老师(第一排左四)带领团队成员参加户外活动

转眼这已经是我来中国地质大学(武汉)的第4年,从原来的小师弟慢慢成长为"二师兄",科研能力持续提升,心态也悄悄发生着改变。回忆往昔,我越来越能理解杨老师的良苦用心。从他身上,我学到了一些最朴素的道理:时间应该用来做实事,而且只有自己变得坚强,才能应对各种挑战。他不仅是我的良师益友,更是我人生前进道路上的指路明灯。我非常感激杨老师给予我的教诲和帮助,让我学会了如何勇敢地面对困难,坚持自己的理想,并成为一个有责任感、有担当的人。"玉不琢,不成器;人不学,不知道。"

何其有幸,我能成为杨老师的学生,感谢一路以来杨老师的培养与指导!未来,我将不负杨老师对我的期望,继续致力于科研工作,努力取得优秀的成果,为社会发展和国家进步作出贡献。

作者简介

赵胤衡,男,材料与化学学院材料科学与工程专业博士,主要研究方向为有机液体储氢材料储/供氢催化剂研发。在杨明教授的教导下,具备出色的科研创新能力与团队协作能力,研究成果已发表在诸多高水平期刊上。

5

采花酿蜜,一路芬芳一路歌
——苏玉平老师与学生的故事

导师简介

苏玉平，男，教授，博士生导师，岩石圈演化导学团队导师组成员。2008年起在地球科学学院地球物质科学系工作，讲授课程包括"岩石学""矿物岩石学""晶体光学及光性矿物学"等。现主要开展塔里木西北缘及华北北缘中新生代玄武岩及其捕虏体、新疆北部晚古生代以来岩浆活动及相关矿床的岩石学、地球化学及年代学研究工作。先后共承担5项国家自然科学基金项目，以第一作者或通讯作者身份在 Geochimica et Cosmochimica Acta、Chemical Geology、Geological Society of A-

● 苏玉平老师

merica Bulletin 等重要地学刊物上发表论文20余篇。曾获2015年校级"优秀班主任"、2018年第十届青年教师教学竞赛二等奖等荣誉。2023年获中国地质大学（武汉）第九届"研究生的良师益友"荣誉称号。

岩石圈演化导学团队在郑建平教授的带领下，长期扎根于大陆岩石圈形成与演化研究领域，形成了以深部"岩石探针"研究为特色的科研群体，在此基础上拓展了对深时地球前寒武纪地质演化以及深地多圈层相互作用的研究新方向。

团队主要成员苏玉平老师关心每一位学生的成长，在科研这条道路上，苏老师以身作则、言传身教，让学生们受益良多。每个人心中都有自己的哈姆雷特，而我们心中也有自己的苏老师。

教我采花酿蜜的人

2017年3月,我第一次见苏老师。苏老师当时给我的第一印象是温文尔雅、平易近人、和蔼可亲中带着一丝认真和严肃。这与后来跟着苏老师读硕士和博士时的感受一样——在生活上他关心爱护学生,但在科研工作上严格要求学生。

在进入课题组开始研究生生活之前,我就从师兄师姐那里听说苏老师对学生非常好。等到自己进入课题组后才发现,除了在学习生活上关心,最难能可贵的是苏老师能够设身处地地为学生考虑问题,从学生的立场出发,做对学生有益的事情。还记得当时快要硕士毕业时,我纠结于继续攻读博士学位或直接就业,于是找到苏老师咨询。苏老师在询问了我内心的真实想法后鼓励我继续读博,并帮助我解决申请博士过程中遇到的一系列问题,让我得以顺利读博。

苏老师(左三)与学生在野外

在科研方面,苏老师充当的是引路人的角色。俗话说"师傅领进门,修行靠个人"。苏老师在科研上把握大方向,但是在达到科研目标的过程中给予我们充分的科研自由,让我们有足够的时间和空间在知识的海洋中探索。当我们在做科研的过程中遇到解决不了的问题时,苏老师便会联合团队的老师想方设法地帮我们解决问题,这样一来,我们既能够在科研路上获得成长,又不至于走"弯路"而耽误科研进度。

——周亮

是良师也是益友

苏老师为人师表,性格谦逊。他实事求是的治学态度,孜孜不倦的精神风貌以及宽以待人的胸怀都在影响着我。

苏老师(左)与张夏辉博士在毕业论文答辩现场

还记得第一次跟随苏老师去山西大同出野外,苏老师不辞辛苦,每次都走在我们前面为我们敲岩石样品,并在野外耐心指导我们如何识别岩性和变质矿物。再到后来的测试分析、科学问题的凝练和文章撰写,苏老师都不断地鼓励和支持我,循循善诱,带领我步入科研的正轨。

在我第一篇论文被拒的时候,苏老师的鼓励让我重拾信心,并帮我一遍又一遍逐字逐句地修改手稿,教导我多看好文献,多做实验,我的科研道路也因此愈加顺利。作为我博士生涯的引路人和学术道路上的一盏明灯,正是因为苏老师这一路以来的帮助和支持,我才能从7年前那个无知懵懂的少年成长为现在具有独立思考和科研能力的博士生,这一切都离不开苏老师的教导和帮助。苏老师开阔的视野、渊博的学识、无私的奉献精神以及真诚的为人处事方式都是我们学习的榜样。

——张夏辉

我们被老师这样培养

不同师门都有自身独特的风格,私下我们自称为"苏家门"成员,严格以苏老师的"教导"为准则。从研一入门到现在博士即将毕业,我可以骄傲地说,我已经在苏老师的教导下成为一名"相对""比较"合格的准科研工作者。

教导准则第一条:培养科研独立性。"授人以鱼不如授人以渔",作为一名地质学专业的学生,从野外踏勘、样品采集、文献阅读、科学问题提出、实验规划、实验实施、数据处理、文章撰写修改到接收,自入学那一刻起,这一套完整的流程,就已经铭记于心。苏老师会指出方向,督促我按照步骤做好每一步,但科研主动权却交给我自己。我可以有各样的想法,只要有合理的文献支撑,苏老师就会鼓励我去做,并提供良好的实验平台和科研交流的机会。

教导准则第二条:勇于创新,敢于尝试。面对研究对象,苏老师总是给我提供一些可供选择的研究方向,并以此引导我打开思路,勇于创新。而做到创新的前提是有足够的文献阅读基础。两周一次的组会上,文献汇报便很好地督促了大家来完成这个事情。组会上,苏老师会依据我们讲的文献给我们提出相应的思路,这也成为我们科研过程中灵光乍现的重要时刻。同时,苏老师总是强调我们要对自己有信心,对自己的研究内容有信心,要敢于尝试投递高级别刊物,哪怕被拒绝,专业审稿人的评审意见也是文章内容提升的"苦口良药"。

教导准则第三条:学做事,更要学做人。良好的科研能力只是一个博士研究

苏老师（左二）与地质队工作人员及学生在哈密黄山东矿床合影

生必备的能力之一。与老师、同学友好相处，尊重他人，发现每个人身上的闪光点，不自负，不自卑，这些更是当代青年学生该具备的素质。苏老师在这方面总是时时反复提醒。作为一名老师，苏老师不但教会我们做事，更教导我们如何做人。

——卞霄

沙漠和戈壁亦是美景

初到一个新的环境，无疑会增加我的焦虑感和压力。然而在住宿分配时，苏老师主动选择和我住同一个房间。这一决定给我这个"地大新生"带来了极大的心理安慰。这一选择不仅仅是出于对学生的深切关怀，也是老师理解学生此时的感受，明白如何去帮助学生适应新环境。

我们的地质工作主要集中在新疆的一些偏远地区。在野外工作过程中，苏老师会和我们一起采集岩石样品，观察地层结构，记录地质数据。他不仅会详细地给我们讲解野外见到的地质现象，也耐心地教导我们应该如何做好相关的野外记录。有时需要徒步穿过沙漠和戈壁，尽管路途艰辛，苏老师仍会让我们留心观察身边的景色。这些景色不仅能够让我们从辛苦的野外工作中解脱出来,还能够缓解身体和心理上的疲惫。

这次野外工作让我深入了解了新疆的地质现象,也让我更加钦佩苏老师的专业知识和经验。我相信这些经历将对我未来的学习和工作产生长久的积极影响。

——郑涛

作者简介

周亮,男,安徽滁州人,地球科学学院地质学专业 2020 级博士生。主要研究方向为玄武岩成因,以第一作者身份在 SCI 期刊发表论文 3 篇。

张夏辉,男,河南郑州人,地球科学学院地质学专业 2017 级硕博连读生。主要研究方向为前寒武纪地质学,以第一作者身份在 SCI 期刊发表论文 3 篇,曾获评中国地质大学(武汉)优秀毕业研究生。

卞霄,女,山东滨州人,地球科学学院地质学专业 2018 级硕博连读生。主要研究方向为地幔地球化学,以第一作者身份在 SCI 期刊发表论文 5 篇,曾获评中国地质大学(武汉)优秀毕业研究生。

郑涛,男,重庆人,地球科学学院地质学专业 2022 级博士生。主要研究方向为镁铁-超镁铁质杂岩体、铜镍硫化物矿床,以第一作者身份在 SCI 期刊发表论文 3 篇。

6

雪域高原找矿人！
——郑有业老师与学生的故事

导师简介

郑有业,男,长江学者特聘教授,博士生导师,享受国务院特殊津贴专家。2005年获黄汲清青年地质科学技术奖;2006年、2009年、2010年、2011年4次荣获"湖北省优秀硕士学位论文指导教师"称号;先后荣获国家科学技术进步奖特等奖1项(50名获奖者中名列第7),湖北省、自然资源部、教育部等省部级一等奖5项(均列第一),中国地质学会十大地质找矿成果奖1项(列第一),自然资源部找矿突破战略行动优秀找矿成果奖2项(均列第一);以第一发明人获国内外发明专利12项;共发表学术论文139篇,出版专著3部;2024年荣获"何梁何利基金科学与技术创新奖"。

郑有业老师

郑老师是一位工作认真、会抓重点的科研工作者

郑老师在西藏工作多年,针对固体矿产资源短缺的形势,郑老师主动面向国家找矿目标,总结提出快速逼近找矿目标的"协优"成矿预测理论及化探数据处理新技术方法——地质内涵法。他在揭示自然规律、确证新矿带、找矿新类型、发现新矿床等方面取得了重大进展或突破。他带领团队先后发现与评价了超大型矿床3个、大型矿床7个,初步评价了有重要找矿前景的铜钼多金属矿床(点)

26个,这些矿床的潜在经济价值高达 1.64 万亿元,为国家建设新的矿产资源战略基地、促进西藏经济发展及边疆稳定做出了重大贡献,受到中国地调局等有关部门的充分肯定和高度评价。

郑老师是一位和蔼可亲、有善心的人

我在认识郑老师之前,就已经久闻其大名,和大家一样,认为郑老师是一位高冷的"大牛"。后来,我才发现我的无知与可笑。

那是我第一次接触郑老师。在大三的时候,我有幸加入郑老师的团队开展暑假生产实习。郑老师的项目大多在青藏高原,我也顺其自然地来到了与天堂最接近的地方——西藏。来到这里,我的激动之情无以言表。在西藏室内基地,我们几个第一次进藏的学生侃侃而谈,以至于郑老师走近也没有发现。郑老师当时并没有打断我们,直到我们发现了他。他笑呵呵地说:"看来你们这些小伙子身体都挺棒哈,都没有高原反应呢!下午我正好出去办点事,带你们到布达拉宫转一下。"我看到他满脸笑容的那一刻,一股暖流涌上心头。原来郑老师是这么亲切,我之前对他的种种设想都被推翻。

郑老师(左二)与同学们在野外

平常郑老师工作比较忙,但是只要有机会郑老师都会跟我们促膝长谈。谈话的内容不只是学习,还包括生活、家庭,并且叮嘱我们:"谁家里有困难,一定跟我说。我虽然不能让你们大富大贵,但也不会让你们因为家庭困难而去外边兼职挣钱影响学业。你们有时间要多学习,好好读书才是最有效的投资。"

郑老师同时把这份善良播撒到了他的母校——新县高级中学,设立奖学金资助那些家庭贫困的同学。他说,不能让孩子们因为贫困而丧失学习知识的机会,他要尽自己的力量让孩子们幸福快乐地成长。

郑老师是一位求真务实、有理想的大家

郑老师强调我国在未来20多年中,快速发展是主旋律,这就需要足够的资源来支撑。我们的专业是矿产普查与勘探,一定要响应国家的号召,认真做好矿产普查与勘探工作。

郑老师的理想就是为祖国找到更多的矿藏。他带领我们团队,在青藏高原这片热土上,为祖国寻找到了丰富的矿产资源。

对于找矿新理论、新方法的学习郑老师从未停滞。他了解到最近几年国外开始注重利用高光谱遥感、近红外光谱等新手段进行矿物蚀变填图,便开始潜心研究,多次与国内外学者讨论,邀请他们来中国地质大学(武汉)作报告,分享最新的技术及发展动态。后来,郑老师把新理论、新方法运用于我们的朱诺矿床项目中,取得了很好的找矿效果。

郑老师已经60多岁了,所获荣誉多不胜数,但是他没有止步不前,每天还是工作到深夜,好几次凌晨我都收到郑老师的邮件。一开始我还以为只有我深夜收到老师的邮件,经过交流,其他师兄弟深夜也都收到过郑老师的邮件。我惊呆了,一想到自己在办公室有时候无所事事、浪费光阴,我不禁脸红。

他一直告诫我们:"人的一生一定要有理想,你们这个年纪不是想干吗干吗,而是该干吗干吗。要坚定自己的目标朝着一个方向努力,不要怕难,开始都会难,慢慢就会豁然开朗,要记住奋斗一定是值得的。"这些话总是在我懈怠的时候

警醒着我,"大牛"都如此努力,我们还有什么理由不拼搏呢?

郑老师是一位精益求精、有思想的师长

记得2015年年底,我们一起在中国地质科学院矿产综合利用研究所作项目汇报时,郑老师让我帮忙做几张PPT。我接到任务,心想做PPT还不是小菜一碟。很快我就交差了,想着这次可以在老师面前"出出风头"了。没想到,郑老师看了PPT说:"你的这些语言表述不太好,应该改成这样……你的这个图太粗糙了,也得改。只有图文完善才有助于大家理解你的成果和意义……"开始还想不通,觉得老师有意"刁难我",回去仔细一看,老师说的话句句在理。

我们项目在中国地质调查局评审中屡获优秀,这与郑老师的精益求精、追求卓越是分不开的。

郑老师是一个有思想的人,这种思想在找矿勘探中表现得淋漓尽致。对于朱诺矿床,前前后后好几拨地质队伍在该区域开展调查,都忽略了该地区的找矿潜力。郑老师接手这个项目后,打破常规找矿思路,对化探数据进行二次梳理,着重对该区斑岩铜矿相关元素 Cu、Mo、Au、Ag 异常矿集系数进行累加处理,在此基础之上,发现了朱诺这一个超大型斑岩铜矿床,并由此总结提出了快速逼近找矿目标的"协优"成矿预测新理论。

原先我们在冈底斯西段火山岩区中发现的脉状银矿床,没有引起足够重视。给他汇报之后,他提示我们:南美地区的世界超大型银矿床,都是产在火山岩区中,这类浅成低温热液型银矿床需要注意。他的这个思路立马转变了我们原来的认识。

我的第一篇文章是硕士二年级完成的。第一次写完发给郑老师以后,他连夜修改完毕,然后返回给我。看完后我简直惊呆了,他帮我纠正了论文的核心思想,让我感觉到文章的高度立马得到了提升。

时光荏苒,岁月如梭,不知不觉我已经毕业7年。回忆学校的一草一木、回忆老师的谆谆教诲、回忆野外工作的点点滴滴、回忆项目组师兄弟的和谐相处,

有太多的感触和收获。感谢郑老师,他给我们提供了良好的学习平台、充足的科研经费、珍贵的野外实践机会,他的奋斗经历、拼搏精神时刻感染着我。在以后的工作中,我将继续秉承郑老师的这种脚踏实地、团结奉献的精神,在找矿突破工作中奋力书写人生的华丽篇章。

作者简介

姜军胜,男,博士,高级工程师,资源学院2018届矿产普查与勘探专业毕业生,目前就职于武汉地质调查中心,主要从事非洲矿产地质调查与研究工作。

7

师泽如光,虽微致远
——钟玉龙老师与学生的故事

导师简介

钟玉龙,男,中国地质大学(武汉)地理与信息工程学院测绘遥感系副教授,硕士生导师。2018年获得中国科学院大学大地测量学与测量工程工学博士学位。主要从事水文大地测量学研究,研究方向包括卫星重力陆地水储量和地下水储量监测、陆地水储量重构和区域水循环研究。在 Water Resources Research、Journal of Hydrology、Science of The Total Environment、Remote Sensing 等期刊发表论文40余篇,其中以第一作者及通讯作者身份发表论文15篇。主持国家自然科学基金项目(青年基金、面上基金)、国家重点实验室及自然资源部重点实验室开放基金项目等多个科研项目。

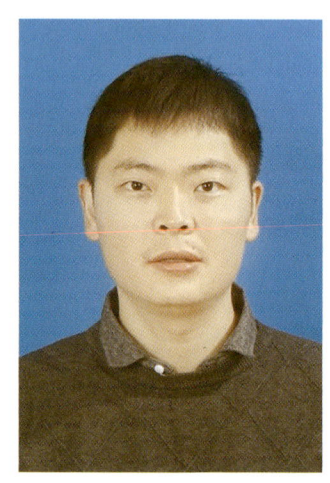

钟玉龙老师

提灯引路育梦成光

转眼间,3年的研究生时光如流水淙淙而过。在这段旅程里,我结识了众多老师和同学,他们给予了我很大的帮助。其中,给我帮助最大的莫过于我的导师钟玉龙老师。

在入学报到前,钟老师就给我发了一些与课题组研究方向有关的文献,推荐我学习将要用到的程序语言和制图工具,邀请我线上参与组会。他不仅仅是我的导师,更像是一位贴心的"导游"。在组会上,他会分享自己最近阅读的文献,教我们如何系统阅读文献,洞察文章的结构和创新之处。他的每一次指导都如一盏明灯,让我在茫茫文献海洋中找到前进的方向,也使我在入学时,不至于迷茫失措,较快地完成了从本科生向研究生身份的转变。

钟老师对学生的指导细致入微。还记得刚入学时,我连数据下载都摸不着头脑。他十分耐心,一步一步地教我如何操作。对于一个刚刚入门的研究生来说,这种耐心的引导是无比珍贵的。钟老师常常走进我们的办公室,询问我们的学业进展和遇到的问题。他总是强调在面对困难时要多交流,而他本人也总是能在第一时间对我们的问题给予回复。及时的交流和回复,是我们高效学习的保障,让我们少走了很多弯路。

在我撰写第一篇论文的时候,正值研一的寒假。我把初稿发给钟老师,没想到他会如此细致地为我修改。他逐字逐句地帮我修改润色,连一个标点符号的错误他也能及时发现并指出,我的初稿就这样被钟老师认认真真地修改了3遍。

钟老师以身作则,对待学术研究认真严谨,以无微不至的关怀引导着每一位学子。他不辞辛苦,经常工作到深夜,因此办公室里放着一张行军床。

与此同时,钟老师一直支持我们参加相关的学术会议,并鼓励我们在会议上分享自己的研究成果。学术会议能够开阔我们的视野,让我们拓宽眼界的同时学习到更多的专业知识。

钟玉龙(左五)与学生的照片

在这个充满朝气和希望的团队里,钟老师就像一位默默奉献的舵手,为我们指引着前进的航线。我深知自己在这几年里的每一点进步都离不开钟玉龙老师的帮助。他的付出,是我们成长路上最坚实的支撑。

我对导师有话说——笔端生芳华,润物谢师恩

钟老师对待科研严谨认真,是一位关心学生成长的良师。每次当我们遇到困难时,他总是给予指导和鼓励。钟老师不仅在课题选择、实验设计等学术方面给予指导,还教会我们如何思考问题、解决问题,并时刻鼓励我们不断挑战自我,勇攀学术高峰,让我们能够自主探索,发挥创造性。在他的指导下,我们不仅在学术上取得了进步,更养成了良好的科研习惯和严谨的思维方式。他是我们学术生涯中的重要导向和榜样。

——田宝明

钟玉龙老师极具专业素养和耐心。他不仅在学术上给予了我充分的指导和支持,还关心我的个人发展和生活状态。他经常与我分享他的研究经验,并鼓励我探索新的研究领域。他的鼓励让我感到信心满满,相信自己能够取得更好的研究成果。他的教诲将对我未来的学术和职业生涯产生深远的影响。

——田嘉翔

钟老师在科研方面是一位引领者,总是激励我们追求卓越,鼓励创新思维,并提供专业的指导和建议,他的严谨和专注为我们树立了很好的榜样。在生活上,钟老师不仅关心我们的学业进展,还关心我们的生活状态,结合我们的情况设身处地地为我们考虑,力所能及地给我们提供帮助。

——王莹莹

从刚入学到现在已经一学期有余。过去的这一学期里,在钟老师不断的指点和引导下,我消除了开始的迷茫逐渐对自己的研究领域有了初步的认知。钟老师还经常关心我的学习进度,为我答疑解惑,指点迷津,拓宽了我的研究思路。

钟老师一直以来对我们的指导和关心,让我们在学术之路上充满了信心。

——周静文

钟老师不仅是一位优秀的学者,更是一位关怀和支持学生成长的良师益友。每当我们在学术研究中遇到难题时,他总是能够给予我们清晰的思路和建设性的建议,帮助我们迅速找到解决问题的方法。除了在学术上的指导,钟老师也同样关心我们个人的成长。他经常与我们交流,了解我们的兴趣和目标,并为我们提供个性化的指导和建议。他不仅教会我们如何在学术领域取得成功,还教会我们如何成为更好的人。

——杨爽

作者简介

肖翠玉,女,地理与信息工程学院2021级硕士研究生,主要研究方向为卫星重力与水文学。目前以第一作者身份在 IEEE *Journal of Selected Topics in Applied Earth Observations and Remote Sensing* 和 *Remote Sensing* 发表论文 2 篇,以合作作者身份在 *Journal of Hydrology* 发表论文 1 篇。曾获得 2023 年研究生国家奖学金,研究生一等学业奖学金,中国地质大学(武汉)"优秀共青团员"荣誉称号。

师者仁心,香远益清
——孙启良老师与学生的故事

导师简介

孙启良，男，教授，博士生导师，中国地质大学（武汉）海洋学院副院长，优秀青年基金获得者，国家重点研发计划项目首席科学家，国家重点研发计划"深海与极地关键技术与装备"专家组成员，中国岩石力学与工程学会海洋工程地质灾害防控分会及中国海洋与湖沼学会地质学分会常务理事。主持或参与国家重点研发计划项目、国家自然科学基金优秀青年项目、重点项目、面上项目、国家重点基础研究发展计划等科研项目；现担任 Marine and Petroleum Geology 和 Journal of Earth Science 等国际期刊的副主编，《海洋地质与第四纪地质》青年编辑委员会副主任委员，Marine Geology 和 Geosystems and Geoenvironment 等国际期刊编委，获海南省科学技术进步奖特等奖、自然科学奖一等奖及中国地球物理学会科学技术进步奖二等奖，中国孙枢奖和 2023 年"海洋强国青年科学家"称号等。

孙启良老师

初识

我硕士毕业那年，报考了中国地质大学（武汉）海洋学院的博士研究生，很荣幸地成为了孙启良老师的学生。回想当时，作为一名不具备海洋科学专业背景的考生，对博士研究生考试充满了担忧。在第一次与孙老师面谈时，细心的孙老师及时地捕捉到了我的忧虑,并劝慰我说:"考试只是筛选考生的必要环节,不必过分担心,你要思考的是当前是否做好了吃苦耐劳的准备,毕竟博士生活不同于硕士生活,要有坚定的决心才能真正地做出有价值的科研成果。"孙老师还以自己为例向我讲述了应该如何规划博士阶段的学习与科研生涯,并介绍了课题组目前的研究方向等。在孙老师的开导下,我紧张的情绪逐渐平复下来,并对未来的求学生活有了较清晰的认识。

与孙老师短暂的初次相处,他饱满的工作热情、渊博的知识、善解人意的个人魅力都让我敬仰、敬重。这也让我下定决心,放弃工作机会,继续深造,立志做一个像孙老师一样有文化、有修养、有远大理想的人。

学习上的导师——发散思维,启发引导

"授人以鱼不如授人以渔",孙老师一直强调独立开展科研工作是博士研究生培养中最重要的目标之一。因此,通常情况下他不会把研究思路直接告诉学生,而是通过一步步的启发让学生对自己的课题进行思考和探索。

在孙老师课题组,两周一次的组会是培养学生科研能力的重要平台。组会上先由学生提出自己的想法,讲出当前存在的疑难困惑,然后由孙老师做分析,为大家提供思考方向。如果大家有想法和意见也可以一同提出来共同探讨、研究。孙老师这样的教学方式让我们在组会上收获颇丰,产生了许多新的想法。

"师者仁心,香远益清",孙老师在对学生的培养和指导上付出了巨大的心血,甚至有时我会想,孙老师若是把指导学生的时间投入到自身科研工作中,可能成果会更加丰硕。记得我在撰写第一篇学术论文时,由于缺乏经验而进展缓慢,每天都很焦虑。孙老师常常抽出时间针对我存在的问题与我共同探讨、分析,通过不断深入地解析地震数据,发现新的地质现象,总结新的见解和想法。在孙老师的启发与指导下,我第一篇论文的方向和思路终于一点点地清晰起来。可是,不善于英文写作的我如同遇到"拦路虎"一样,写出的初稿语法不通、用词不当、逻辑混乱。老师看到我的文章后,没有批评我,而是耐心地将我的论文从

头到尾进行了修改，并仔细给我讲解如何用英文写好文章。

科研上的榜样——以身作则，披星戴月

科研工作是一项需要长期积累、不断学习、反复思考的工作。孙老师是一名十分优秀的导师，他坚持以身作则。对待科学问题，孙老师态度严谨，不断地修正再进行完善是他常用的方法。例如，孙老师在准备申请国家自然科学基金项目时，为了能够尽善尽美，他有一周的时间，吃住都在办公室。那一周里他反复地修改基金申请书，并且让我们仔细阅读、找问题，经过多次反复修改后才最终提交。孙老师对待任何科研问题都是这样的态度，这也是孙老师能够取得如此丰硕研究成果的原因。

提到孙老师的工作态度，有一件事令我印象深刻。2020年年底，正是年终总结和工作考核的时候，孙老师十分繁忙，经常眼睛布满血丝。尽管这样，他也没有取消或推迟组会，仍然坚持两周一次的组会，指导我们学习。孙老师对工作的态度，常令我们自愧不如，这也是我们需要长久学习的地方。

生活上的益友——团队建设，贴心家长

孙老师经常强调，身体是革命的本钱，想要做好学术，健康的身体是必需的。为了能够让我们定期运动，孙老师自掏腰包每周组织大家打羽毛球，并且要求大家无特殊情况不得请假，监督大家锻炼身体。在周末的空闲时间，孙老师经常带着我们走出办公室，去东湖散心，边散步边聊天，无论是学习还是生活中的问题，都可以在这个时候畅所欲言。这样的活动使大家的压力都得到了缓解，在之后的工作学习中能够轻装上阵。在孙老师的努力下，我们的课题组氛围和谐、融洽，每个人都能寻找到自身的价值，能够学有所长。

在生活中，孙老师就是我们的贴心家长。他经常询问大家在生活上有没有什么困难，如果有困难他都会第一时间提供帮助。孙老师说："我们整个课题组

就是一个大家庭,无论是现在,还是将来毕业之后,我们都是彼此最亲近的人。"孙老师对我们每个人都十分理解与包容,帮我们解决后顾之忧,使我们能够集中精力学习,不被其他烦恼困扰。孙老师不只是学习上的导师,更是生活中的益友。

写在最后——师者仁心,香远益清

遇到孙启良老师之前,我设想的人生平淡无奇;遇到孙老师之后,我觉得我的未来充满了更多的可能性。我很庆幸遇到了孙老师,也很庆幸加入到孙老师的课题组中。人生的道路千万条,但我相信,有孙老师这样的榜样引路,我们的未来之路一定繁花似锦。

作者简介

曹鎏,男,海洋学院 2024 届博士毕业生,现为辽宁工程技术大学矿业学院校聘副教授,主要研究方向为岩浆通道系统、岩浆活动与区域构造的联系,以及岩浆活动与矿产资源间关系。曾获海洋学院科技论文报告会一等奖、校级科技论文报告会二等奖、研究生一等学业奖学金,以第一作者身份在 SCI 期刊上发表论文 2 篇。

9

经师易得，人师难遇
——文国军老师与学生的故事

导师简介

文国军,男,中国地质大学(武汉)机械与电子信息学院教授,博士生导师,副院长,工程机械设计及其自动化导学团队负责人,中国地质大学(武汉)学术委员会委员兼教学工作指导委员会委员。主要致力于虚拟现实、计算机辅助设计、机器视觉、人工智能、计算机仿真、机器人以及软件开发等相关理论与新技术在工业数智化转型、智能定向钻进、非开挖地下管线建设、地质灾害与环境监测等领域的原创性基础与应用研究。讲授"机械CAD/CAM""工程机械设计"等课程。主持国家自然科学基金项目5项(其中面上项目3项、重点项目1项、青年基金项目1项)、湖北省重点研发计划项目1项、国家重点研发计划子课题2项、湖北省自然科学基金杰出青年基金项目1项、教育部留学回国人员科研启动基金项目1项、中国博士后科学基金项目2项(特别资助与面上资助项目各1项)。

文国军教授

从本科到博士研究生阶段,六载时光的陪伴,在我心中,文老师是一位在知识的海洋中激起波澜的智者。他如同一片宁静的湖水,镜照着岁月的风霜,沉淀出丰富的智慧。他的教导如同涓涓细流,滋润着我心灵的每一个角落,让我在求知的道路上茁壮成长。

在科研的征程上，我们或许能够轻松结识那些博学多才的学者，他们如同给予我们指引的导航仪，助力我们在知识的海洋中顺利航行，然而，寻觅一位真正能够与我们分享人生智慧的良师益友却不易。在他身上，我看到了师者的豁达、智慧和宽广。

初识

初次与文老师的相遇是在一个平凡而温馨的班会上。那时，文老师担任我的临时班主任。在班会上，文老师谆谆教导，用平实而真挚的语言温暖着每一个学子的心房。文老师在班会上分享了自己的科研历程和心得，如同星星一般点缀在夜空中，照亮我们前行的方向，让我感受到了学术之路的庄严和美好。这次班会，如同一场盛宴，让我对学术科研充满向往，也产生了在文老师门下读研的想法。

"机械CAD/CAM"是我大三时的一门专业课程，文老师为我们介绍了CAD/CAM的基本概念、机械CAD/CAM常用的数据结构、计算机辅助图形处理技术、几何建模及特征建模技术、计算机辅助设计技术，帮助我们踏入机械设计和应用的门槛，这也为我的计算机三维制图能力打下了坚实的基础。

这门课程文老师采用全英文授课，以英语为媒介，为我们打开了一扇通向国际学术世界的窗户。在这门课程中，我不仅学到了专业知识，更感受到了英语在学术领域的重要性。

大四的课程中，文老师再次为我打开了知识世界的大门，带领我们深入学习了"工程机械设计"课程。在这门课中，我们走出课堂，加入实践。在施工实践现场，非开挖钻机轰隆隆地开动，机械的力量在我们面前呈现，这一切不仅是知识的传授，更是对我们勇往直前的鼓励，让我们在实践的道路上迈出坚实的步伐。

之后，由于本科成绩还算不错，我获得了保研的资格，顺理成章地选定文老师作为我的导师。

进入师门,潜心科研

随着保研的尘埃落定,我成功地加入了文老师的科研团队。在身边师兄的悉心引导下,我逐渐熟悉了实验室的运转:每周的例会就是一场思维碰撞的盛宴,智慧之花在实验室中盛开;每个周五的操场上我们挥洒汗水,锻炼身体;每月的茶话会,我们在轻松愉悦的氛围中互相分享学习经验,无拘无束。在实验室的时光里,我感受到了学术的严谨和文老师的良苦用心。

文老师一直教导我们,要紧密结合工程实际,从应用出发,才能真正发现研究领域内的痛点和难

文老师在实验室

点。从项目研究背景出发,深入项目实践,感受实际问题的迫切性,以实干铺就学术之路。在文老师的悉心指导下,面对项目中的复杂情况,我用沉稳的心态和严谨的态度应对科研中的问题。在工程实践中,我逐渐领悟到了工科生科研的本质——在实际的工程领域中破解难题,为学术世界带来新的启示。

在科研道路上,发掘创新点要落脚于实际。然而科研道路伊始,我的想法总是过于天马行空,常常对困难思考不足而使得研究太过于发散。在日常科研工作中,文老师从研究背景的确定、研究创新点的找寻、实验细节的设计、数据资料的处理等方面对我进行全流程指导。我的论文手稿上是文老师密密麻麻的修改笔记,在文老师的指导下,我的科研能力得到了全方位的提升。

在日常的生活中，文老师常常以散文诗的形式抒发情感、表达心境。他时常提醒我们不要一直待在实验室，亲切耐心地教诲我们要锻炼强健体魄，保持阳光心态，以便更好地应对科研中的压力。

文老师在科研、生活中身体力行，为我们树立了榜样。这一切让我逐渐树立了勇于面对问题和解决问题的信心，在科研的道路上留下坚实的脚印。

人生道路上的良师益友

读研伊始，文老师就告诫我："读博是一件脱几层皮的事情。"随着岁月流转，我方知此言何意。研究生生活，面对的不仅是科研难题，还有生活的压力和人际交往的复杂性，以及父母日渐年迈带来的心理压力。我学习着文老师的一言一行，学习他的为人处世之道，学习他坚韧的品格。面对人生难题，我逐渐变得豁达和从容。

此外，文老师还热心给我们推荐一些对年轻人有益的电视剧和文章，期待我们在科研生活之余能够汲取精神的养分，激发奋斗的动力。我逐渐意识到人生道路想要走得更稳、更远，不仅仅需要自身能力的锻炼，更需要思想的沉淀。

我深刻地认识到客观世界中事物的变化不以人的意志为转移，岁月的车轮滚滚向前。文老师的实验室从最初的十几人慢慢变为如今近百人的大家庭。然而，在这变换的人群中，唯一不变的是文老师对学生的关爱和对科研的热忱。文老师伴随着我们的成长，培养出一批又一批优秀的人才，在这学术的田野上播种着希望。

◉ 数字化虚拟技术实验室 2023 届硕士研究生毕业答辩合影

作者简介

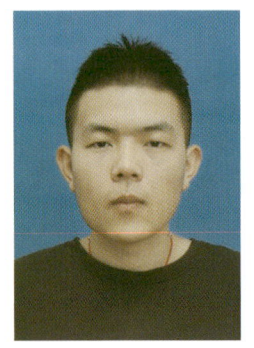

史垚城，男，机械与电子信息学院地质装备工程专业，在读博士生，主要研究方向为快速颗粒流动特性分析及其粉尘逸散机制。

"厂子哥"带我蹚过千里征程
——唐厂老师与学生的故事

导师简介

唐厂,男,中共党员,计算机学院教授,博士生导师,湖北省省级人才,之江实验室高级访问学者。电气工程学会(the Institute of Electrical and Electronics Engineers,IEEE)、中国计算机学会(China Computer Federation,CCF)高级会员,国际计算机学会(Association for Computing Machinery,ACM)、中国工业与应用数学学会(China Society for Industrial and Applied Mathematics,CSIAM)会员,中国人工智能学会(Chinese Association for Artificial Intelligence,CAAI)终身会员,CCF 理论计算机科学专业委员会(CCF – NCTCS)执行委员,

唐厂老师

CCF 人工智能与模式识别专业委员会(CCF – AI)执行委员,CAAI 机器学习专业委员会委员,CSIAM 大数据与人工智能专业委员会委员,SCI 期刊 *Neural Networks* 编委,*Information Fusion* 客座编委,《计算机工程》青年编委。主要研究方向为机器学习和模式识别。先后主持国家自然科学基金、中国人工智能学会-华为 MindSpore 学术奖励基金、山东省自然科学基金创新发展联合基金、湖北省自然科学基金等科研项目 10 余项,入选"2019 年武汉市青年科技朝阳计划"。发表 SCI 期刊论文和 CCF 推荐的 A 类论文总计 100 余篇,其中 ESI 高被引论文 9 篇,ESI 热点论文 1 篇,谷歌学术总引用次数 5000 余次。

引航星光照耀路,启迪心灵不彷徨

初识导师,仿佛就在昨日,实则已经过去3年了。2021年末,我在考研路上徘徊,站在人生的十字路口对未来的不确定性充满了困惑。一次偶然的机会,我对唐老师有了初步认识,感觉这个老师不仅年轻,而且还十分具有亲和力。

2022年暑假,我在科研的道路上迷失了方向,困惑于数据的"海洋"和理论的"迷宫"中,无法找到前行的路径。唐老师仔细聆听了我的疑惑,逐步引导我理清思路,找到了研究中的关键点和盲区。

我在撰写论文过程中遇到了重重难关。论文初稿存在逻辑不连贯和论据不足的问题,唐老师叫我到办公室,帮我理清逻辑脉络,讨论修改方向,逐字逐句指导我修改论文语句,对论文中的一个标点符号都不放过,从正午改到天黑。

印象深刻的一次是在准备向期刊投稿的紧要关头,我的数据分析存在问题,无法有效支撑我的论文观点。唐老师在第二天要上课的情况下,连夜赶到实验室,找了几个同学一起,帮我重新梳理思路。

通过与导师的深入交流协作,我在算法理论和实践研究上有了显著的提升。我学会了勇敢面对科研过程中的困难和挑战,不断探索,在思考中前进。

唐老师与学生一起开组会

得良师指引，始知四海广

唐老师让我在学校也能与业界"大牛"深度接触，将科研落地到实处。在他的推荐下，我获得了与亚马逊高级算法专家王丕超博士交流学习的机会。

围绕机器学习和人工智能在实际工业环境中的应用，王博士向我展示了一些前沿技术，例如视频检索算法。此外，王博士还分享了他的职业经历，尤其是如何从一个学术研究者转变为一个业界的技术领导者。这次交流不仅让我对人工智能的实际应用有了深入的理解，也激发了我将来想要在这一领域内作出贡献的决心。

唐老师还十分注重团队合作的精神，他经常鼓励我们相互学习、相互帮助，创造了一个充满活力和创新的学习环境。大家丰硕的科研成果也得益于实验室良好的学习氛围。组会上，唐老师强调多多交流才能出更多的成果，高年级的同学对低年级的同学要不吝赐教。

唐老师经常带领我们参加学术会议，在不到1年的时间里，我参加了3个国内顶尖的学术会议和1个全国研究生论坛，并在 ACM MM 2023 会议在线发表了相关报告。正是这一次次和国内外顶尖学者的交流让我开阔了眼界。

通过这些会议，我不仅能够了解到最前沿的研究动态，洞察各领域研究的深度和广度，还能与来自不同背景的学者进行深入的交流和讨论，这对我研究思维的锻炼和学术能力的提升有着不可估量的影响。

每次开完学术会议后唐老师都会单独找我复盘，一一指出每次会议 PPT 上的问题，引导我深入思考会议的意义。这个过程让我学会了如何有效地组织学术报告，如何与其他学者交流合作。

🟢 团队出发参加国内学术会议

师拨云雾见天明，一往无前迎挑战

2023年10月，唐老师带领我们参加国家自然科学基金委员会交叉科学部第三届青年学术研讨会。作为会议志愿者，我主要负责会场布置、资料分发等工作。尽管任务繁重，但这些经历却让我对学术会议的筹备和运作有了深入的了解。在会议中，我有机会近距离观察和学习多个学科的顶尖学者如何交流思想、展开讨论，这让我对学术研究的跨学科合作有了更加直观的认识，尤其是学习到他们如何处理复杂问题，将不同领域的知识整合应用到研究中。

🟢 参加国家自然科学基金委员会交叉科学部第三届青年学术研讨会

生活不只是科研,还有诗和远方

我们的团队不只有学习、科研,还有团建运动和聚餐。唐老师是个热爱运动的人,每次组会结束都会带着我们去运动。我们组的所有同学都变成了运动达人。唐老师在各类运动项目里(游泳、羽毛球、篮球、排球等)都游刃有余,让人不禁感叹:优秀的人无论是在科研还是在生活中都精益求精。

◎ 团队团建合照

2023年,唐老师组织大家来到风景如画的东湖,开展了一次愉快的春游活动。东湖的美景令人陶醉,湖水碧波荡漾,周围绿树成荫,花香扑鼻。我们一行人骑着自行车沿着湖边的小道缓缓前行,时而停下脚步,徒步走进那些更为幽静的小径,享受大自然的宁静与美好。

唐老师邀请大家共进晚餐时,总是鼓励我们点自己喜欢吃的菜,他常说:"能吃才能学,我们得提高'干饭'的战斗力"。这种轻松愉快的氛围不仅让我们感受到了家的温暖,也增强了我们学习的动力。

教诲如春风化雨,润物无声。唐老师不只是学业导师,更是人生引路人,示我以行事之道，诲我以为人之理。

在未来的旅程中，唐老师传授的智慧与方法将深深植根于我的心中。我期待着与志同道合的团队成员并肩作战，不畏惧任何挑战，共同探索科学的未知领域。

作者简介

何潇，男，计算机科学与技术专业硕士研究生，研究方向为多模态目标检测算法。2023 年硕士研究生国家奖学金获得者，在 *IEEE Transcactions on Geoscience and Remote Sensing* 等期刊上发表论文 3 篇。

师予三"锐",助我一路"披荆斩棘"
——郭锐老师与学生的故事

导师简介

郭锐，男，经济管理学院教授、博士生导师、副院长，南望学苑品牌研究导学团队负责人，中国高等院校市场学研究会学会副秘书长，绿色消费与绿色营销专业委员会主任，中国商业史学会品牌专业委员会副主任，湖北省市场营销学会常务理事，湖北省普通高等学校人文社科重点研究基地——珠宝首饰传承与创新发展研究中心中欧高端珠宝市场研究所所长。主要从事品牌管理、奢侈品管理等研究，主持国家自然科学基金3项、国家社会科学基金1项、教育部人文社会科学基金1项以及国家重点研发计划子课题1项，相关成果获湖北省社会科学优秀成果奖三等奖（排名第1）。成果发表在 Journal of Applied Psychology、Personnel Psychology、Journal of Business Ethics 等国际期刊，以及《南开管理评论》《中国软科学》《科学学研究》《财贸经济》等国内期刊上。湖北省省级一流本科课程"市场营销学"项目负责人，教育部首批国家级新文科研究与改革实践项目和湖北省省级一流本科专业建设点负责人。先后获第九届湖北省高等学校教学成果奖一等奖（排名第5），中国地质大学（武汉）教学成果奖特等奖（排名第5）。2023年获中国地质大学（武汉）第九届"研究生的良师益友"称号。

郭锐老师

言,锐者,芒也,砥砺始得其锋芒。拳拳之心、殷殷之望,恰如名字的美好祝愿,我的导师郭锐教授寄言于我:拥锐意、葆锐气、怀锐志。

拥锐意：长风破浪，云帆沧海

我初遇郭老师是在3年前一个平平无奇的下午。彼时,初夏午后的困顿和即将开启新课程的期待相互交织,恍惚间,一声爽朗的问候钻入耳畔:"大家好,我是郭锐老师,很高兴和你们开启营销探索之旅！"在"市场营销学"这门课程中,郭老师善于从案例入手,用他的话说就是"无案例,不营销"。于是,枯燥无味的理论知识变得生动起来。"有趣"是我对郭老师的初印象。

郭老师(左二)和作者(左一)参加2024年中国高等院校市场学研究会学术年会暨博士生论坛

如果说郭老师的课激发了我对市场营销学的兴趣,那么参与郭老师指导的科创项目,则为我打开了科研这扇新世界的大门,所以当"本—硕—博"贯通培养的通知一发布,我便满怀期待地向郭老师发去了导师申请的邮件。面对面深入交谈过后,郭老师成了我这个"科研小白"的领路人。郭老师几乎是手把手地教会我如何去做科研。了解领域的顶级期刊、学习研究经典范式、分析各家研究特点、掌握科研的基础工具、捕捉市场的研究热点……凡此种种，事无巨细，倾囊相授。

"长风破浪会有时，直挂云帆济沧海。"郭老师对我说，"既然决定了读博，就要锐意进取，有破釜沉舟的勇气。"于是我知道，确定了，就义无反顾。保研名额公示的那个傍晚，我第一时间和郭老师分享了我的喜悦，他对我说"恭喜"，我向他道"感谢"，一颗励志成才的种子悄悄萌发在心底。

葆锐气：十年一剑，霜刃将试

加入团队后，郭老师对我们的科研始终是高标准、严要求。他常说："在这个物欲横流的时代，科研是较少相对公平的事，你付出了多少，往往就能收获多少，时间不会骗人，而会证明一切。"

但"搞科研"并不意味着"不生活"，在郭老师的理念中，科研和生活从来不冲突，恰恰相反，一个不会生活的人，难以做好科研。正如郭老师一直坚持的"五维"育人理念，他要培养的是有品德修养、有科研实力、有健康体魄、有审美情趣、有创新实践的德、智、体、美、劳综合发展的"健全人"。

郭老师（右二）带队参加国际学术会议

"十年磨一剑，霜刃未曾试。"在贾岛的诗中，剑客 10 年蛰伏，等待的是一鸣惊人的跃起。我们做科研亦是如此。所有成果的取得，无一不是深稽博考的耐心打磨，在此过程中，扎实的科研功底是淬炼之火，积极的生活状态是装饰雕刻，只待时机成熟，刀剑的锐气，终使天惊石破。

怀锐志：唯真唯实，利国利民

"唯真唯实，利国利民"是我们团队的思想内核。一直以来，郭老师都致力于培养学生"唯真唯实"的治学态度，以及"利国利民"的家国情怀，引领我们尽快成长为有本领、有担当的时代新人。在此思想的指引下，"培养什么方向的人才，成为哪种有用的人"，既是郭老师等团队老师们夙夜忧心的"教育之问"，也是我们孜孜以求的"成长之问"。几番思索、多重考量，郭老师给了我们答案——坚持"服务经济发展、对标国际先进、立足地大特色"的基本原则，将绿色品牌、品牌国际化、奢侈品管理作为研究方向。

绿色品牌坚持以"两山理论""双碳"目标为指导，谋求人与自然、经济发展与生态环境的和谐共生，助力企业发展方式绿色转型，真正做到服务经济发展；品牌国际化坚持以"推动民族品牌走出去，助力国际经验引进来"为使命，有利于推动我国本土品牌推进国际化战略，真正做到对标国际先进；奢侈品管理以珠宝为主要研究对象，充分发挥我校"宝教摇篮"的优势，积极为企业奢侈品经营建言献策，真正做到立足地大特色。

郭老师常说，做科研、过生活都要有"锐志"，既要仰望星空，更要脚踏实地，把科研深入到人民群众中去，把论文写在祖国大地上。

今年是我加入团队的第 3 年，提及我和我的导师，数不清的感动瞬间涌上心头：是他加班加点为我修改推免答辩 PPT，是他疫情期间叮嘱我们保护好自己，是每一句返乡前的"到家报个平安"，是每一声出差时的"首先注意安全……"

拥锐意、葆锐气、怀锐志,一路成长至此,郭老师的期待激励了我、塑造了我、成就了我。寥寥数语实在难以表达我内心的感激,索性就将一切都化为行动——行动会给出答案!

师予三"锐",Light my way!

作者简介

赵成祥,男,经济管理学院工商管理专业,入选学校2019级"本—硕—博"贯通培养高水平人才计划,现为2023级硕博连读研究生。发表论文3篇,其中1篇被《南开管理评论》(复合影响因子13.929,基金委A类,FMS T1)录用。研究成果获营销科学与创新国际会议(MSI 2025)优秀论文提名奖,获湖北省市场营销学会2024年学术年会特等奖1项(全省共3项)、一等奖2项,科技论文报告会校级一等奖、院级一等奖。曾获国家励志奖学金、校长奖学金、英才奖学金、周大福奖学金,授权专利1项。

吾爱吾师,严谨治学,桃李满园
——王国灿老师与学生的故事

导师简介

王国灿，男，教授，博士生导师，现任职于中国地质大学（武汉）地球科学学院构造地质学系，兼职中国地质大学（武汉）地质调查研究院总工程师，中国地质学会构造地质学与地球动力学专业委员会常务委员，中国地质学会区域地质与成矿专业委员会委员，中国地震学会构造地貌专业委员会委员。近10年来主持了国家自然科学基金、中国地质调查局三维地质调查试点、覆盖区地质调查试点、青藏高原新生代地质过程综合研究，以及其他横向课题等多项科研项目。

王国灿老师

以第一或通讯作者身份发表论文90余篇，合作出版专著13部，参编教材3部。先后获湖北省科学技术奖二等奖、中国地质调查局地质调查成果奖二等奖、全国区域地质调查特优图幅奖等多项科研奖励。2019年被中国地质调查局评选为首批首席地质填图科学家。多年来，王老师严谨的治学态度和优秀的科研成果，获得业内同仁的广泛好评。

时光荏苒，转眼间我即将毕业。3年前，我背着行囊踏进中国地质大学（武汉）校门准备研究生复试的场景，仍历历在目。当时我还没有确定自己的研究生导师，为了了解老师们的情况，我旁听了很多老师的课程。在王老师的课程中，我深深地被他缜密的逻辑思维、有趣的授课风格吸引,当时便下定决心要跟随王老师进行研究生阶段的学习。复试结果如愿以偿,我成功地进入了王老师的课题组,心中既兴奋又忐忑,兴奋的是自己遇到了心仪的导师,忐忑的是担心自己在研究生期间达不到老师的期望。怀着这种复杂的心情,我迎来了研究生生活。

王老师给我的最初印象是治学严谨,对学生认真负责、因材施教。在校期间,王老师无论课务和科研多么繁忙,每个星期都会定期组织组会,了解每一位学生的学习动态和研究进展,针对性地对每个学生提出要求,为学生答疑解惑。组会中的王老师严谨细致,提出的意见总能一针见血,在学生最关键的问题上进行点拨。对于学生来说,这无疑是学习之路上最宝贵的财富。还记得研一时我在组会上做学习成果展示,王老师不仅对我所展示的内容进行了深入的点评,还在某些知识点上谦逊地与我讨论,这让我十分钦佩。

对王老师更加深入的了解,源自和王老师一起的多次野外地质考察。在我研一与研二之交的夏天,王老师新疆填图项目正在如火如荼地进行着,上百人的队伍每天早出晚归,奔走在新疆大漠戈壁上,王老师就像一位"部队统帅",指挥我们这支队伍井井有条地推进各项工作。在这最繁忙的时候,一位长期与王老师合作的法国学者即将结束在滇西的合作野外考察。王老师由于前期忙于新疆项目工作,无法亲自与法国学者一起进行滇西的野外考察。在法国学者即将启程回国之时,王老师安排好新疆项目上繁忙的工作,乘飞机从新疆赶到云南,与这位学者进行深入的交流探讨,并在第二天凌晨4点亲自送这位法国学者上了飞机。送走学者后我有些不解地问王老师,为什么一定要赶过来送他,王老师微笑着对我说:"这既是我们应该遵守的礼仪,也是对此次合作考察成果的负责。"这件事让我了解到王老师不仅治学严谨,工作认真负责,而且注重生活中的礼仪修养。

王老师(左二)在云南与法国学者交流

在送走这位法国学者后,王老师继续带着我和另一位同学在云南进行野外考察。每天清晨7时起床,晚上工作至天黑才找住的地方。即便高强度工作期间,王老师每晚仍会打开电脑,协调指挥远在新疆的工作团队。我这才理解为什么王老师有"拼命三郎"的称号。

王老师(左三)带领团队参加国际学术研讨会

某天黄昏,工作结束返程时,王老师和我们谈起了他从业的过往:"我当年高考时填报志愿报考的都是地质类学校,有幸被当时的武汉地质学院录取,到现在快40年过去了,回想我选择干地质的经历,我不后悔,我希望你们也要干一行爱一行、精益求精、刻苦钻研。"听完之后,我们深受触动,同时也深感庆幸能够遇到王老师这样的好老师。这次野外回来王老师嘱咐我们整理野外材料,撰写相关论文,我便按照王老师的要求试着写了一篇论文。本以为王老师只会给我提出大致的修改意见,但当我拿到反馈时我感到相当震撼——满满红色线条和字符,王老师不仅给我重新写了一段摘要,还推荐了好几篇文献让我好好参考学习。事后我才知道,王老师因为给我修改论文差点延误了一个重要的会议。当我得知这些事时,我深深地体会到,学生的成长成才是王老师心中的头等大事。我心中充满感动,下决心一定要好好跟随王老师认真开展科学研究,这份王老师给我修改的论文草稿至今一直保存在我的电脑中。

王老师在科研上对我们要求严格、一丝不苟,但是在生活中对待我们就像对待自己的孩子一样,不时跟我们开玩笑。在新疆出野外工作时,有一天早上出发后突然降温了。王老师和我们一起准备下车进行野外工作,他关心地问道:"降温了,你们带了御寒的衣服没?"我答道:"出门的时候天气挺好,没想到会变冷,没带外套。"王老师笑着说道:"哈哈,我带了,下次你们要吸取教训啊,不然就要靠挥地质锤取暖啦。"说着他便从后备箱里拿出了备用的外套给我们,我和同行的同学内心非常感动。除此之外,王老师还特别热爱生活,经常和我们一起踢足球、游泳、打羽毛球,丰富我们的课余生活!

王老师严谨的科研态度、睿智的思想、精益求精的工作作风,以及对科学的献身精神都深深地感染着我,让我受益终身。作为我的导师,感谢王老师在学术上时常给予我针对性的指导;作为我的长辈,感谢王老师对我的关怀与支持。师恩如山,无以为报,唯愿师生情一生延续。

作者简介

吴贵灵,男,中共党员,地球科学学院 2016 级硕士研究生,连续 3 年获得研究生学业一等奖学金,以第一作者身份发表学术论文 1 篇,参与导师国家自然科学基金科研项目 1 项。

求学路上的"指南针"
——杜学斌老师与学生的故事

导师简介

杜学斌,男,海洋学院教授,博士生导师,主要从事沉积学、页岩气地质、生物礁地质、关键时期火山灰及其资源-环境效应等科研和教学工作。主持国家自然科学基金、中国博士后科学基金特别资助、中国博士后科学基金面上项目等多项科研项目。作为技术首席参加国家重点基础研究发展规划、国家油气重大专项等在内的各类科研项目30余项。发表论文50篇,其中SCI收录20篇。出版专著3部、教材2部,获得省部级科研奖励2项。2018年获湖北省高等学校教学成果奖一等奖(排名第5)。

杜学斌老师

初识——学为人师,达者为先

回忆起第一次接触杜学斌老师,我记忆犹新。那是在本科专业选修课的课堂上,作为主要授课教师之一的杜老师平易近人、望之可亲。当时"石油天然气地质学"这门课程综合性强、涉及面广,并且紧密联系实际生产活动。对于初入海洋地质"大门"的我们,要在短时间内理清这门课程的知识脉络,掌握重点内容,是一个不小的挑战。而我们有幸遇到了杜老师,他凭借着深厚的专业基础,辅以潜心准备、制作精良的课件课案,用通俗易懂、生动有趣的语句将课程的知识重点娓娓道来,深入浅出、举重若轻、引人入胜。他带领着我们在知识的海洋中遨游,帮助我们慢慢推开了学术的大门,指引我们发现科学研究的魅力所在。

杜老师(右一)和学生在宜昌

缘起——因材施教,循循善诱

步入硕士研究生阶段之后,刚开始我对科学研究的具体概念不是很清晰,对研究生阶段的规划也比较迷茫。但是在第一次参与了杜学斌老师课题组的组会之后,这些困扰了我许久的问题就如拨云见日一般烟消云散了。在组会上,杜老师详细地询问了我的学科背景、研究兴趣等基本情况。杜老师根据每个学生的能力和兴趣安排了不同的工作任务,并在充分尊重个人意愿的前提下,站在学生未来发展的角度为每个人今后的学习工作指明了切实可行的方向。于我而言,杜老师满足了我对一位研究生导师的所有期待。在他的耐心陪伴和指导下,我一方面投身于课题组的项目工作,积累本专业所需的各种知识,提升专业技能;

● 杜学斌老师在周口店进行野外地质实践教学

另一方面也承担起资源学院的学生党建工作,处理各类事务的能力得到了极大的锻炼提升。

触动——以身作则,润物无声

在科研工作中,杜老师总是带头冲锋,重点难点工作自己先上。但是项目工作再苦再累他也一定会挤出时间来阅读最新文献,发表论文更是笔耕不辍。记得有一次杜老师要参与重要的汇报答辩,为了达到最好的讲演效果,他连续一个星期,每晚都在空无一人的会议室里反复演练。杜老师从不放松对自己的要求,治学严谨,坚持高标准严要求。他常说:"科研,我们是认真的,一个好的科研工作者一定要自觉。"这些话常常在我们耳边响起,督促着我们以更加严谨认真

● 杜学斌老师在记录数据资料

的态度做科研。

但与此同时,杜老师对待我们工作上的缺点和不足却总是抱有极大的耐心。不管是当初刚刚接手项目工作的我,还是后来的师弟师妹们,我们提交的工作成果难免会有这样或那样的不足和错误,但杜老师却从不过于指责,总能心平气和地指出我们的问题,一针见血地告诉我们解决问题的方法。就这样,课题组的每一位同门都在老师润物无声的教导下飞速地成长。

未来——教学相长,青出于蓝

"师者,所以传道授业解惑也。"杜学斌老师不仅能在专业学习、科研工作中为我们答疑解难,更难能可贵的是,他用脚踏实地、积极进取的科研态度,爱岗敬业、永不止步的工作精神,耳濡目染、言传身教的教育方法,为我们树立了榜样。古人云:"桃李不言,下自成蹊。"在杜老师的谆谆教导下,课题组的同学们普遍获得了喜人的成绩。

博士生赵珂,荣获硕士研究生国家奖学金、博士研究生国家奖学金各1次,以第一作者身份发表 SCI 一区论文 2 篇、二区论文 2 篇,获中国地质大学(武汉)优秀博士创新基金项目资助,获校级科技论文报告会二等奖;博士生贾冀新,以第一作者身份发表 SCI 二区论文 2 篇,获校级科技论文报告会二等奖;硕士生罗兴碧,

杜老师(右一)和学生施佳铖(右二)
赵珂(左一)、贾冀新(左二)

担任海洋学院2020级研究生班班长,获校级暑期社会实践活动三等奖、院级科技论文报告会三等奖;硕士生吴岳恒,担任海洋学院研究生会主席,获校级暑期社会实践活动二等奖、校级信息调研大赛二等奖。

写在最后——求学路上的指南针

正所谓:"谁言寸草心,报得三春晖。"杜老师在平日里关心我们的方方面面,为我们解决大大小小、各式各样的困难。在我心中,杜学斌老师不仅仅是我人生中的一位普通教师,他更像是一盏明灯,照亮了我的科研之路,也温暖着我的人生旅途。研究生阶段能遇上一位值得我一生尊敬的好导师,我感到非常幸运。未来的科研道路还很长,但是在杜老师的指引下,纵使前路荆棘密布,我都会勇往直前。

作者简介

陈科一,男,中共党员,海洋学院海洋科学系 2019 级硕士研究生,连续 3 年获得研究生学业奖学金一等奖学金,曾获得中国地质大学(武汉)2020 年度"优秀共青团员"、中国地质大学(武汉)2020—2021 年度"优秀共产党员"、中国地质大学(武汉)2021 年度"优秀共青团干部"、中国地质大学(武汉)2022 届"优秀毕业生"等荣誉称号。

广阔天地,大有作为
——齐睿老师与学生的故事

导师简介

齐睿，男，安徽桐城人。中国地质大学(武汉)经济管理学院经济学系党支部书记，副教授，博士生导师。武汉双碳产业研究院学术委员会秘书长，湖北省长江生态保护基金会"零碳长江"科学顾问，湖北省生态文明研究中心主要成员，湖北省生态环境厅气候处、湖北省碳排放权交易中心专家成员，湖北省环境科学学会理事，湖北省环境科学学院绿色金融专业委员会副主任、秘书长，"科创中国"湖北双碳科技服务团专家，淮南矿业集团、山西应县、天镇县零碳示范咨询专家，中国

齐睿老师

地质大学(武汉)碳中和校园建设咨询专家，开元资产评估公司碳资产评估专家。主持国家社会科学基金青年项目、教育部人文社会科学基金青年项目等课题10余项，在《中国土地科学》《光明日报》等期刊、报纸上发表学术论文20余篇，获湖北省高等学校教学成果奖一等奖等10余项。

仍记得去年九月刚开学的日子，全体新生大会，我第一次见到了传说中的"男神"——齐睿老师。齐老师真是百闻不如一见：身材匀称且修长，面容方正而

舒展,目光如炬,口若悬河,才貌双全,气度不凡。一副黑框眼镜根本盖不住他双眼的光芒。从那以后,气宇轩昂这个成语在我的脑海里终于有了画面,那就是齐老师的样子。

齐老师给经济学大类学生上第一堂党课——读党史、明己志、力己行

在与齐老师相识的这段时间里,齐老师给我们讲解了很多知识。也许不是每一天都能见到齐老师,但是他的教诲指引着我们每一天的学习和生活。齐老师用行动践行了"言传身教"这种最佳的教育方式!作为全国高校党建样板支部的书记,齐老师对党的指导思想铭记在心,将马克思主义哲学灵活运用到教学的方方面面。以下就是我观察到的齐老师活用"矛盾"规律的场景。

快慢交替

齐老师走路很快,不仅是因为腿长,更是因为有的放矢;齐老师说话很快,不仅是因为惜时,更是因为才思敏捷。齐老师的工作千头万绪,但这并不影响他把所有事情都安排得井井有条,也许这就是他能保持如此快节奏生活的秘诀之一。生活上打下的好基础助力了齐老师在学术上的腾飞。每当国家出台新的政策,齐老师一定会在第一时间深入研究,不放过一字一句,写出的报告分析透彻,鞭辟入里,令人拍案叫绝。齐老师的字典里绝没有"拖延"二字,他会用最快的速度把所有任务完成,并且是保质保量地完成!

齐老师(左六)加入"指南针"青年讲师团

行动要快,育人要缓。在学院官网上,齐老师的教育理念写的是:"育人治学,若烹小鲜,宜徐徐图之。"心急吃不了热豆腐,齐老师深谙此道。那么齐老师是如何在学习生活中培养我们的呢?他让我们交周报,逢年过节也不例外。通过上交周报这种形式,让我们总结这一周的学习情况,反思做得好与不好的地方,并做好下一周的学习规划。他鼓励我们在犯错之后思考原因,继续研究,找到问题的关键,一步一步接近真理。每一次上交周报后,齐老师都会根据我们的表现给出及时的反馈。当我表现得不错时,齐老师会毫不吝啬他的表扬;当我进展缓慢时,齐老师会指导我拓展思路;当我懈怠偷懒时,齐老师看破不说破,告诉我要多投入一些时间。很多事情急是急不来的,齐老师会给我们足够的时间,但是他不会让我们把事情拖到最后一刻,而是落实到每月、每周和每天。一个合格的研究生不是一朝一夕就培养成的,是一天又一天的积累,一天又一天的练习,从而逐渐拥有科学研究的能力——学会辩证的思考,养成写作的习惯。齐老师自身超强的写作能力也不是一两天速成的,而是在海量的阅读、大量的模仿、反复的修改与日夜的坚持下才逐渐修炼而成的。

明暗交织

齐老师曾打过这样一个比喻：人这一辈子就像一盒火柴，有些人选择一根一根地烧，这样或许能烧很久，但是自始至终都只能冒出微弱的火光。而有的人，比如齐老师自己，选择把大量的火柴集聚到一起，一次性点燃，它们发出的光亮可以称之为辉煌！辉煌的背后当然也会有牺牲，但是这是齐老师的选择。

齐老师参加全国高校党支部书记"双带头人"高级研修班

众所周知，黎明到来前必先经历漫长的黑夜。齐老师总是戴着一副黑框眼镜，小小的黑框中是一片令他无法割舍的清晰世界；眼镜的后面是黑眼圈，它们是齐老师熬过一个又一个深夜所留下的痕迹；黑眼圈的上面是乌黑的眉毛，这眉毛仿佛在说：即使是遇到了火烧眉毛的事情也不用担心，因为我什么火都不怕！隐藏在这黑色"三大件"后的是他那双只要见过一次就再也不会忘记的双眼，这双眼就像两个黑洞，所有的光都无法逃脱，疯狂汲取着它所能及的一切。从变化的万物到打交道的人，从每日的新闻到复杂的论文，从细微的琐事到充沛的情感，这双眼看过的世界是透彻深刻的，不是浮于表面的。为什么我能清晰地描述这双眼，因为在我们目光相对的每一个瞬间，它都深深地烙印在我的脑海里面。

动静结合

齐老师是活跃在"朋友圈"的段子手,他发出的内容永远都不会空洞或枯燥。齐老师喜欢和大家分享他生活中每一个值得铭记的时刻,也喜欢写下自己在教书育人过程中的思考。在推动学院发展的过程中,齐老师更是把"动"的精髓发挥得淋漓尽致。他总是不辞辛劳,主动承担学院建设的各项任务:在引进人才方面,齐老师更是不遗余力,成功请来金贵老师等顶尖学者;在参加各项学术会议时,齐老师主动交际,为学院发展争取到了众多宝贵机会。就像齐老师常常告诫我们的那样:"要想别人所想,满足别人所需。世事洞明皆学问,人情练达即文章。"在齐老师的指导下我正经历人生的一个快速成长期,即便现在我做不到八面玲珑、面面俱到,但也至少懂得先付出才有回报。

齐老师(右一)荣获经济管理院年度人才引进贡献奖

开学伊始我就拜读了齐老师发表的所有论文。在他读书期间,他的研究方向是征地冲突,那时候的他像我一样是一个20多岁的青年,但是在篇章字句里,我能深深地体会到当时他对被征地农民没有合适渠道表达意见的痛心,以及对国家层面出台征地改革制度的渴求。与其他人不一样,齐老师的论文是有生命的,它不是简单的文字组合,而是融入了他心系国家发展,向沉疴积弊"亮剑"的担当精神！齐老师之所以能写出这样的文字，离不开他全神贯注地思考。齐老师思考时，周围的一切仿佛都不复存在，虽然人在静静地坐着，但是无穷的想法在脑海之中碰撞出激烈的火花，手指在键盘上飞快地舞蹈，意识超越了身体的感知，时间已成为心外之物，停下的瞬间，所有的思想都化作文字，字字珠玑，斐然成章。

无论是快与慢、明与暗，还是动与静，唯一不变的就是齐老师对学生、对自己始终坚持高标准严要求！我想齐老师之所以这样做，是因为他相信每一个人都拥有成才的潜力。我们在他眼中就像一块块"原石"，虽然石头的种类和品质有所不同，但是经过一步步地雕刻、打磨和抛光，每一块石头都能更有价值。在这个过程中，齐老师就扮演了那位循循善诱、不厌其烦雕刻我们的"技师"，并且这位"技师"也在一日复一日地提升自己的专业能力，推动整个"玉石"行业的发展。

齐老师带领学生参观未来城校区图书馆地源热泵系统

人类就像海洋中的鱼，什么模样什么大小的都有。有的人碌碌无为，只会成为被大鱼吃掉的小鱼，或者被晒干做成咸鱼。而像齐老师这样的人，必然会成为一条"鲨鱼"，一条仁慈的"鲨鱼"，一条强大而不冷血的"鲨鱼"！如果没有遇到齐老师，我可能会继续当一只在温水里被煮而不自知的青蛙，但是如今我早已觉醒，要拒绝"佛系"，不再被煮或晒干，要永不停歇，成为一名"硬核"青年！我愿用这世间最美好的词汇和篇章来赞美齐老师，比今天的齐老师更优秀的只能是明天的齐老师！在齐老师的万千"桃李"中，我只是普普通通的一个，但是在我的求学生涯里,他就是闪闪发光的一颗启明星!在中国地质大学(武汉)这片艰苦朴素的沃土,这片求真务实的天地,齐老师必定会鲲鹏展翅,大展宏图!我愿追随齐老师,早日实现自己的青云之志!

本文系笔者2021年攻读硕士研究生一年级时所作,倏忽四载,今已投身职场。重读旧文,虽显青涩稚嫩,然为保留当年随齐老师求学时的那份学术初心与热忱,故未作删改。

2020年国家"双碳"目标提出之际,齐老师敏锐把握时代脉搏,率先带领我们投身这场深刻变革。伴随全国碳市场正式启动,齐老师以其前瞻视野,主持开展了一系列"双碳"领域的前沿研究与实践课题。承蒙恩师悉心指导,使我在求学期间得以深耕"双碳"领域,更在择业时毅然投身这一事业。齐老师不仅深刻影响了我的职业选择,其在这一充满挑战的领域躬耕不辍、开拓进取的学者风范,更令我由衷敬佩。毕业后有幸能与齐老师继续并肩同行,共同奋斗在"双碳"领域。在此,我愿郑重承诺:在实现"双碳"目标的伟大征程中,定当追随齐老师脚步,以青春之力在这片广阔天地中砥砺前行!

作者简介

计雪珺,女,经济管理学院资产评估专业2020级硕士研究生,主要研究方向为气候变化、绿色金融和生态产品价值实现。湖北省2021年低碳试点专项课题"湖北省企业ESG评价及应用体系研究"团队负责人;主导的课题"道观河风景区生态系统生产总值(GEP)核算研究"获2021年湖北省资产评估行业优秀成果评选一等奖。

15

君子成仁,温良如玉:这位导师不简单
——胡成玉老师与学生的故事

导师简介

胡成玉,男,教授,博士生导师。计算机学院副院长,CCF 高级会员,CCF 教育专业委员会执行委员,中国仿真学会智能仿真优化与调度专业委员会委员,International Journal of Bio-Inspired Computation 国际期刊编委,Sensors 特邀编委。近 5 年,主持国家重点研发计划子课题、国家自然科学基金面上项目、国家自然科学基金青年项目等科研项目 10 余项。在国际国内期刊如 Information Sciences、《计算机研究与发展》《中国科学》等发表学术论文 60 余篇,出版专著 2 部。2012 年,获中国人工智能学会最佳青年科技成果奖。2015 年获国际会议 ICA3PP 最佳论文,2019 年获中国仿真学会优秀论文奖,2022 年获湖北省科学技术奖二等奖(排名第 5),2023 年获湖北省高等学校教学成果奖二等奖(排名第 4)。2023 年获中国地质大学(武汉)第九届"研究生的良师益友"荣誉称号。

胡成玉老师

师泽如光,弦歌不辍

视角一:第一次见到胡老师时,我以为他是一位非常严肃的人。然而,随着与胡老师接触的增多,我发现他实际上非常和蔼可亲,就像一位真诚而友善的长辈。我的导师有着一颗包容仁爱之心，比如你不小心犯了错误或者做得不够好，也从来不用担心胡老师会责怪，他只会像慈爱的父亲一般提醒你或者笑着对你说："这没什么的。"

视角二：我与胡老师结缘起源于我大四的保研期间，在选择中国地质大学（武汉）作为我的目标院校之后，我仔细地了解了胡老师的研究方向，发现胡老师利用强化学习方法解决问题和我本科时候使用的机器人控制方法解决问题有很多共通之处，所以毅然决定选择胡老师作为我的研究生导师。事后证明我的选择十分正确，胡老师对强化学习方法的理解非常深刻，给了我许多启发和灵感。第一次见到胡老师是研一开学第一天，他十分和蔼，能和学生们打成一片。

视角三：初次见胡老师时，他已对我的本科背景进行了深入了解，并对我的后续研究与个人发展方向有了一定的规划。针对我非全日制研究生的性质，胡老师对我说："希望你能够在研究生一年级时，待在学校里面，这样既可以学习本身的课程，也可以多去听一听其他的课程，深入了解自己的研究方向，对于后面毕业很有帮助。"本来作为一名非全日制研究生，相较于其他同门，还是有些不同的。但是胡老师话中的深意让我想到选择读研的初衷，不管是什么性质的研究生，都是想要更深入地了解本专业，并在此基础上弥补自己的薄弱点，增强自己的专业基础。于是，我选择了脱产跟随胡老师在学校学习。

潜心育人，静水流深

视角一：在我撰写论文的过程中，我经常向胡老师请教问题。无论何时找到胡老师，他好像总是在线，有时还能立即回复。如果很长时间没有回复，老师有时还会说明刚刚忙于什么事情导致半天没有回复。甚至晚上十点找老师时，胡老师仍然在线。

胡老师常常鼓励学生，微信聊天时会发"大拇指"和"笑脸"的表情包。每当学生感到迷茫和焦虑时，胡老师总是会耐心开导，告诉学生不要过分焦虑。记得有一次，开完组会我跟胡老师说，很担心自己到最后什么也没弄出来，论文也没有。胡老师鼓励我说："这前怕虎,后怕狼的啊,没关系,沉下心来踏实做事,不管有没有结果,总会有所收获的。"确实,沉下心来去做事,不要还没开始就想着开花结果,去做就完事了。不管是学术上的不解或者生活中的困惑,胡老师都很乐意与我们探讨。

胡老师很忙,但他对每一项任务都能做到有条不紊,对每个事情的截止日期也能记得非常清楚,他会设置多个闹钟,用来提醒自己。

胡老师在课堂教学

视角二:我从研一上开始准备写论文,胡老师会在组会结束之后给我提供一些思路以及做实验的方法,还会经常抽空指导我写论文,给我推荐一些可投稿的期刊。从论文结构和行文思路,再到实验设计和结果分析,胡老师的指导让我受益匪浅。在论文见刊后,胡老师又开始马不停蹄地指导我写下一篇论文,鼓励我投递高水平期刊。

视角三:在学校里,不管是文献学习、组会交流,抑或是助研申请,胡老师对我和其他同门一视同仁。刚进实验室不久,某个项目要求使用最近几年兴起的一种学科交叉方法,并提供了一本很厚的介绍这种方法的外文著作,胡老师并没有直接让我们看这本著作,而是让我们先自查论文资料,然后再互相交流、讨论,而在讨论之后他自己又去学习了那本著作。在下次讨论时,胡老师还将其中的思想、方法总结出来供我们进行学习。

○ 胡老师与同学们的毕业合照

逐光而行,行将致远

视角一:胡老师平时喜欢喝茶和打羽毛球,有时还会和大家一起打篮球。他也非常关心大家的生活。记得去年某个时间段,天气骤降,胡老师在群里提醒大家注意保暖,如果缺棉被之类,可以跟他讲,第二天就能送到,十分暖心。

视角二:胡老师是个热爱运动的人,经常带着实验室的同学们进行体育运动。记得有一天下午天气很好,胡老师刚和我讨论完学术问题,便让我喊着同门师兄师弟一起打篮球。在篮球场上,胡老师马上进入一个新的状态,得分、抢篮板、助攻样样在行。

○ 胡老师与学生们一起打球

🌀 团队组织飞盘活动

视角三：除了学习上的指导，胡老师还关心我的个人发展和生活。因为需要在校外租房，每次晚上组会结束，为了安全，老师都会叫上我一起，并把我送回家。路上有时他会询问我组会上是否有不懂的点，或者提醒我在组会上应该如何更清晰地表达，让大家了解到论文的创新点以及新颖的地方；有时也会问问我待在学校里面的感受以及后续的打算，是准备留在实验室，或是出去实习，他都能提供一些帮助；有时也会谈论我的研究方向，提前讨论毕业论文的思路，需要多看哪方面的文献等。还有一次参加组会时，因为我坐在靠后的视野盲区，胡老师没有看到我，会后还专门打电话询问我的情况，生活是否遇到什么难题，如果有什么问题及时和他反馈，作为导师他会尽量给我帮助。

总的来说，我与胡老师相处的点滴经历是一段宝贵的成长之旅。他的指导和关心让我获得了良好的学术基础和研究能力。我将永远感激胡老师的帮助，并将这段宝贵的经历铭记于心。

胡老师与同学们的毕业合照

作者简介

陈亦雯（视角一），女，计算机学院电子信息2022级硕士研究生。

黄胜辉（视角三），男，计算机学院电子信息2022级硕士研究生。

张唯一（视角二），男，计算机学院计算机科学与技术2022级硕士研究生，曾任计算机学院研究生会学术部部长。以第一作者身份在 Egyptian Informatics 上发表论文，获"亚太杯"数学建模三等奖，校级"优秀共青团干部"等荣誉称号。

16

"宝藏"老师!
他用全心全意回应我青春闪烁的目光
——张传科老师与学生的故事

导师简介

张传科,男,控制理论与控制工程导学团队负责人,自动化学院教授,博士生导师。获国家自然科学基金优秀青年科学基金项目、湖北省杰出青年科学基金项目资助,电气与电子工程师协会高级会员,中国自动化学会会员,科睿唯安"全球高被引科学家",爱思唯尔"中国高被引学者",入选"全球顶尖前10万科学家排名"榜单、"全球前2%顶尖科学家"榜单,获评首届"卓越青年研究生导师"、中国地质大学(武汉)第九届"研究生的良师益友"荣誉称号。长期从事时滞系统、信息物理系统、智能电网领域研究,主持各类项目10余项,发表学术论文70余篇;先后指导本、硕、博学生60余人,学生中多人获博士/硕士研究生国家奖学金、中国自动化学会优秀博士研究生学位论文奖、中国电子学会优秀博士学位论文奖等荣誉,1人入选国家级青年人才计划。

张传科教授(右一)与作者(左一)合影

2017年秋天,我从鄱阳湖畔来到了江城武汉,成为中国地质大学(武汉)自动化学院的一员,张老师作为刚留学归国的青年教师担任我的班主任。本科4年,张老师在生活上和学习上无微不至地关心着我们班的每一个人,我也因此与张老师结缘。

2021年9月,我顺利申请上了张老师的直博名额,在他的指导下开展时滞系统理论分析与应用的研究工作。近7年的时间,与张老师的接触越来越多,对张老师的了解也越来越深。他为人温文儒雅,工作细致入微,关心爱护学生。他是师生眼中的"宝藏"老师,是学生人生道路的领航人、科研长征的同路人、研学生活的知心人。

明德立志,他是人生道路的领航人

张老师连续7年担任本科生班主任,从不缺席班会,还会在每学期开始和结束时与班级同学进行谈心谈话,了解学生的心理动态和学习情况。在担任231173班班主任时,大四的我们面临着读研/工作的抉择,张老师深入了解了班级同学的未来规划,为我们提供学业和求职指导,让我们能在综合考虑自身发展及明晰自己人生规划的情况下,做出最适合自己的选择。

时至今日,有的同学就算已经毕业离校3年,只要他们遇到困惑向张老师倾诉,无论多忙,张老师都会及时为其排忧解难。

张老师与2311731班同学毕业合影

我们所在的控制理论与控制工程导学团队目前导师人数9人,学生人数超80人,张老师作为团队的主导师,在项目团队建设、科研氛围营造等方面都起到了带头表率的作用。张老师在研一新生刚入学时,会与每位新生深入交流,确定其研究生期间的规划,再根据每位学生的性格特点、职业规划,结合课题组研究方向划分科研学习小组。张老师每周定期与小组进行交流,把握研究进展与方向,并且及时解决在科研中遇到的困难。

在这种团队建制下,课题组内能避免重复的工作与不必要的竞争,不仅能充分发挥每个研究生的优势,还能提高研究效率,激发我们的创新能力。

控制理论与控制工程导学团队研讨会

此外,张老师也会定期与高年级学生交流,了解科研进展和生活状态,并引导高年级学生带动组内低年级同学互相帮助、共同进步,做好"高带低、老带新",发挥传帮带作用。在这种氛围下,新入学的学生可以快速实现身份转换,融入科研生活中,高年级同学也能提前规划自己的科研道路,提高科研指导能力。

心往一处想、智往一处谋、劲往一处使,才能找出团队最大公约数,画出奋斗最大"同心圆"。在张老师的引领和协同指导下,团队连枝博士入选工信部国家级青年人才计划,林文娟博士获中国自动化学会优秀博士学位论文奖,金丽博士获中国电子学会优秀博士学位论文奖,团队多名研究生获研究生国家奖学金,以及校级"优秀研究生标兵""优秀共产党员"等荣誉称号。

研学共进,他是科研长征的同路人

学生在哪里,老师就在哪里。张老师为了能及时了解我们的科研动态,与我们一同在实验室工作。最初与张老师共处同一实验室时,我们都感觉很有压力,但在学习上遇到困难时,我们也能第一时间找到张老师解疑答惑。

张老师平时为人随和,但对待科学研究却十分严肃认真,从结果正确性到论文结构再到具体的分析表述,都会仔细推敲反复确认。在指导学生撰写学术论文时,他逐字逐句地分析论文存在的问题,大到逻辑结构,小到单词用法都会细致地讲解并提出修改建议,希望学生从不同的角度去思考问题。

"授之以鱼不如授之以渔。"他总是鼓励学生先思考,养成良好的写作习惯,这样才能深刻掌握学术论文的逻辑思路和写作范式。令我印象深刻的是,我的第1篇论文在张老师的指导下修改了近8个月,期间就论文结构和语言表述进行了多次修改打磨,最终成功发表在控制领域国际权威期刊 *IEEE Transactionson Fuzzy Systems* 上。

近年来,团队逐渐壮大,学生越来越多,张老师虽然指导着近20名学生,但自身仍保持着高效的工作状态。张老师时刻关注着研究方向的最新研究,并针对性地向学生分享文献,与学生交流文献中提出的新思想、新方法。经常我离开实验室时,张老师的办公室还亮着灯,有时深夜我们仍能收到张老师的邮件信息。

2022年12月疫情防控政策调整,学生们提前返乡,张老师依旧坚守在学校开展科研工作,甚至凌晨两三点都还在与学生沟通论文的修改意见。与张老师接触愈多,我愈加感慨,张老师在取得这么多成就之后仍能保持着对科研的初心并如此刻苦努力,这也激励着我要在今后的学习生活中持续保持奋斗的姿态。

近3年来,张老师指导研究生在 *Automatica* 等国际知名期刊上发表论文20余篇。

控制理论与控制工程导学团队合影

师生同行，他是研学生活的知心人

张老师曾在英国利物浦大学访学交流，期间的见闻让他意识到科学研究紧跟国际前沿研究的重要性，与同领域的国际学者交流不仅能拓宽学术视野更能启发研究思路。他在工作中不断与国际知名专家学者建立交流机制，为学生搭建合作平台。张老师鼓励我们积极参加国际学术会议，并支持优秀研究生通过国家留学基金管理委员会和学科创新引智计划基地（"111计划"基地）出国交流，丰富自己的科研阅历。近3年来，团队6名博士生获国家留学基金资助出国留学。

除了科研学习外，张老师也倡导团队通过开展师生文娱活动来增强团队凝聚力，督促研究生养成健康的生活习惯，保持愉悦的生活状态。师生羽毛球赛、师生篮球赛等多种活动，不仅加强了导学团队内的交流，也拉近了老师们与学生们的距离，营造出"师生同行、携手共进"的良好研学氛围。

每年毕业季，我们导学团队都会组织毕业欢送会，师生同聚，共启前程。我的师兄2022届博士生上官星辰（现为自动化学院特聘教授）在欢送会上也动情地说:"6年的研究生生活,离不开老师的关心和指导,在成长为大师兄的同时,也找到了我的人生目标与价值。"

点滴之间见初心,细微之处行使命,张老师取得一系列成果与荣誉的背后,离不开他日复一日对教育事业的认真负责,年复一年对科研工作的严谨求实。

我加入导学团队这3年来,身边的师兄师姐先后毕业,在各自的工作岗位接续奋斗,也迎来了一批又一批的新面孔,变的是在张老师的指导下,团队不断取得新成果、新突破,不变的是张老师对工作始终如一,以"躬耕教坛强国有我"的态度,踔厉奋发,砥砺前行。

千言万语也道不尽感恩之情,今后,我们也将在张老师的指导下,致力于成为"品德高尚、基础厚实、专业精深、知行合一"的新时代创新人才,为实现自动化学院高质量发展和学校地球科学领域国际知名研究型大学建设贡献团队力量。

作者简介

陈文虎,男,江西九江人,自动化学院控制科学与工程2021级博士研究生,曾任自动化学院控制科学与工程博士生第一党支部(第四批全国党建工作样板支部)书记。以第一作者/合作者身份发表学术论文9篇,其中包括 *Automatica* 等自动控制领域国际权威期刊,担任多个国际期刊审稿人,主持大学生自主创新资助计划重点项目1项,获校研84级奖学金、国家留学基金资助公派留学资格,获校级"优秀共产党员"、校级"优秀共青团员"等荣誉称号。

引千里之行,筑梦海阔天空
——姚尧老师与学生的故事

导师简介

姚尧，男，教授、博士生导师，日本一桥大学特任教授，丽泽大学客座教授，日本东京研究员、访问学者，日本学术振兴会（Japan Society for the Promotion of Science，JSPS）卓越研究员，湖北省青年科技人才晨光托举工程项目支撑科技人才。自2016年以来致力于时空大数据技术和地理空间人工智能研究，荣获2020年ACM SIGSPATIAL-China新星奖（每年全球1～2名华人入选），科睿唯安全球高被引学者（2023年）、美国斯坦福大学全球前2%科学家（2022年、2023年、2024年），2024年全球前沿科技青年科学家等。在多源时空大数据挖掘和城市计算的研究领域发表高水平论文100余篇，谷歌学术总引用次数达8000余次，其中ESI高被引/高热点论文13篇。团队网站：https://www.urban-comp.net/。

姚尧教授

在科研的旅途中，我经历了无数次的挫折与失败，但每一步都凝聚着姚尧教授的支持与智慧。

指路明灯照远方，引领前行无迷茫

和姚尧老师的相识仿佛是昨日之事，但其实已经跨过 7 个春秋。2017 年底，我还是一位刚踏入大学校园、充满迷茫的新生。就在那一节 C++ 课程设计的上机实习中，当我面对满屏的代码符号感到手足无措时，一位气宇轩昂的老师走了进来，他的出现，就像一道光芒照亮了教室的每一个角落。姚尧老师与其他老师、同学展开了一场热烈的讨论，他的声音洪亮而充满激情，现场修改了"过时"的实习题目。更令人惊叹的是，他竟然用记事本现场编写代码，边写边讲解 C++ 的命名规范。

与姚尧老师的深入交往，是在学院产学研项目答辩会上。当他提问答辩者实现的代码是不是本人写的时，这个问题如同锐利的剑，直刺每一个答辩者心中，让原本喧嚣的教室瞬间鸦雀无声，一直持续到所有项目答辩结束。即使是那些本打算敷衍了事的师兄师姐，也不得不打开电脑，逐字修改 PPT，回顾代码实现的每一个细节。实际上答辩团队实现的代码正出自姚尧老师之手。自那以后，我对科研的敬畏之心油然而生。随着时间的推移，我有幸加入姚尧老师所在的团队。姚尧老师总是耐心地向我讲解城市大数据研究的前沿动态。当我们仰望星空，他总是满怀期望地对我说，希望我能够像天上的星星一样，发出自己的光和热。正是姚尧老师寄予的厚望不断鞭策着我，成就了我在科研道路上现有的成绩。

生活苦矣波涛起伏，有师引领方识天涯

姚尧老师认为，学生们的视野只在学校里是不够的，还得让他们看到更广阔的世界。于是，姚尧老师经常带领与鼓励学生参加各种学术会议。后来，在姚尧老师的推荐下，我前往东京大学柴崎亮介老师的实验室进行了为期 3 个多月的交流访问。记得刚出成田机场时，姚尧老师就早已在出机口等待我们了，意外的

是姚尧老师同时还给我们带了流量卡,他说:"我这里给你们带了流量卡,赶紧换上给家里报平安吧。"这份细心与关怀,让我感受到姚尧老师不仅是科研学术大师,也极其充满人文关怀。

尽管姚尧老师事务繁忙,但还是亲自花了一整天时间带我深入了解东京这座繁华都市。在东京大学,我有幸参与地理基础模型项目,有机会聆听了机器学习启蒙大师吴恩达的讲座,这一切都极大地拓宽了我的学术视野。姚尧老师,不仅是我们的老师,更是我们探索世界的引路人。

面对陌生的学习和生活环境,恩师不仅给予我精神、科研上的指导,更是在生活上给予我无私的帮助。姚尧老师亦师亦友,虽然在组会上会严格要求,面对问题直击要害,私下里也会关心学生生活。在国外交流期间遇到的高额花销和语言交流问题,恩师会协调各种资源帮我渡过难关。在东京大学的资助迟迟未发下来,我们生活有困难时,恩师买了大量食物放到冰箱里,保障我们的生活质量。我对恩师的感激之情无以言表,这些经历将成为我终生难忘的回忆。

在科研的道路上,我屡遭困惑与挫败。正是在我最动摇的时刻,我的导师姚尧教授伸出了援手,他的鼓励让我有了继续勇敢前行的动力。"我适合科研吗?我能做好科研吗?"这样的自我怀疑,可能每个做科研的人都曾这样质疑过自己。记得第一次申报科研项目时,眼见周围的朋友纷纷脱颖而出,获得了丰厚的经费资助,而我的内心却被失落和消极的情绪淹没。我甚至一度陷入到想放弃科研这条道路的困境。庆幸的是,姚尧老师的话语如同春风化雨,温暖而滋润:"你们做得同样出色,振作起来,放心大胆地按照项目计划前进,我这里有足够的经费支持你们。"

姚尧老师十分严厉,他的严厉不是无的放矢,而是源于对学生的深切期待和信任。他总是以肯定的目光看待学生,但这份肯定并非廉价,而是伴随着严格的标准和要求。他对学术的严谨态度,对论文格式的严格要求,对每一个标点符号的精确校对,无不体现了他对学术的敬畏和对学生的负责。可以说,团队内每个人的进步,都离不开姚尧老师的严格要求和无私奉献。我也逐渐领悟到,科研并不只是一场知识的竞赛,更是一场耐心和毅力的深刻考验。

◐ 姚尧老师单人照

未来,我希望能将姚尧老师教给我的科研态度和处事方式,融入我的人生道路中。我期待着与团队一起,迎接每一个新的挑战,共同创造更多有价值的科研成果。

作者简介

郭紫锦,男,中国地质大学(武汉)硕士研究生,专业为测绘科学与技术,本科第四期信息科学实验班成员,研究方向为轨迹数据挖掘与分析。在 *Cities*、*Computers, Environment and Urban Systems*、*International Journal of Geographical Information Science* 等 TOP 期刊发表学术论文 7 篇,2023 年硕士研究生国家奖学金获得者。

18

研娱双全,亦师亦友:这个博导真有趣
——龚文引老师与学生的故事

导师简介

龚文引，男，湖南永顺人，教授，博士生导师，湖北省杰出青年科学基金获得者。分别于 2004 年、2007 年和 2010 年在中国地质大学（武汉）计算机学院获得学士、硕士和博士学位。主要研究方向为智能计算及其应用。现担任中国仿真学会理事、湖北省计算机学会副秘书长，国际期刊 Expert Systems with Applications、Memetic Computing、International Journal of Bio-Inspired Computation、Complex System Modeling and Simulation 编委。主持国家重点研发计划项目 1 项、国家自然科学基金项目 3 项、高等学校博士学科点专项科研基金 1 项。

龚文引教授

在 SCI 期刊发表论文 80 余篇，其中 ESI 高被引论文 5 篇，出版专著 2 部、译著 1 部。曾获湖北省自然科学奖二等奖 2 项（分别排名第 1、第 2）、湖北省高等学校教学成果奖二等奖 1 项（排名第 3）。

我不能很完全地了解我的导师，因为他实在太丰富有趣了，给了我们太多惊喜。在大家眼里，龚文引老师是一个怎样的存在呢？计算机学院教授、博士生导师，短短 5 年时间从讲师升任教授。龚老师科研能力出众，教书育人硕果累累。

算法还能这样玩？

第一次见到龚老师，是在 2015 年的秋天，在他任教的"智能计算导论"课堂上。那是龚老师给本科生上的除"计算机科学导论"外的第二门课。前者是给大一的新生介绍关于计算机（电脑）的基本知识，对一个刚步入大学即将踏入计算机专业的新生来说，这无疑是一堂具备启蒙性质的至关重要的导论课。但后者，对我的影响更为深刻，也是从那时起，我萌生了到龚老师门下读研的念头。

"智能计算导论"是为大三计算机专业学生量身定做的选修课，和"机器学习与数据挖掘"等课程一样，对我们来说可谓是从本科生到研究生的入门课程。

从第一节课开始，龚老师就从人工智能的角度分析了计算机的算法设计，带我们回顾进化论的思想——物竞天择，适者生存，然后引入了人工智能中的智能优化技术。

在这门课上，龚老师介绍了自己从事的智能优化领域的诸多算法，如遗传算法、差分进化算法、粒子群算法、蚁群算法、鱼群算法、人工蜂群算法……这些生动有趣的名字一下子就引起了我们的兴趣。

"算法也能进化？""程序还可以模拟生物？"由不得我们困惑太久，这些问题在龚老师形象生动地讲解下，均一一得到答案。

从灌汤包的吃法类比到程序设计的思路，将达尔文的进化论翻译成代码语言，把 PPT 上的一只只蚂蚁智能化，让它们自动求解"旅行商问题"。每一堂课，龚老师都能给我们带来不一样的惊喜。在他深厚的知识积淀和丰富的教学经验支撑下，寓教于乐、举一反三是课堂上的常态。妙趣横生的课堂上，同学们常常因为龚老师的一两句形象比喻而笑声不断。

在龚老师的课上，我第一次感受到原来计算机还能这么玩！原来程序可以这么有意思！于是，我开始和身边的同学一起，每次课程结束后，都废寝忘食地编程实现课上讲到的算法。

看着电脑屏幕上"旅行商问题"的每一个城市最终连成一条线路，每一次迭代之后目标函数值的更优化曲线和粒子向峰值不断地聚拢,我感觉到自己心中科研的火焰已经燃起。

我主动联系了龚老师,表达了自己想要跟他读研究生的意愿。

是良师,也是益友

随着考研成绩的公布、录取结果的确定,在身边同学的讨论下,龚老师的"真实面貌"一幕幕揭开。在计算机学院,他的每一个标签都给我带来了震撼:"最年轻的博导""论文高手""学术大牛""圈内名人""最受欢迎的老师""良师益友"等。

于是我更加坚信自己找对了老师。但龚老师带来的"惊喜"和感动,却远不止这些。

今年是在龚老师门下读研的第四个年头,我也从一个硕士生转变成了博士生,成了大家眼里的"老师兄"。

我的第一篇论文是在研一下学期写的,当时正值疫情居家,交流不便。但听说我做出了一些成果打算写论文,老师非常认同,也给了莫大的鼓励,但想必当时他也没料到给我改论文会是这么"煎熬"的过程。

在那之前,我从来没有接触过科技论文的撰写。从 LaTex 的使用、实验数据的处理,到论文的谋篇布局,几乎是"一窍不通"。于是第一稿写出来的论文,LaTex 语言不规范、论文结构散乱、错词病句层出不穷、实验不完整、结论不准确……老师细心地通读了我的初稿,将每个问题都在上面一一标注,又开着腾讯会议一一讲解。论文初稿上密密麻麻的红色标记和注解,让我高兴能够提升自己的同时,也深感老师的批改不易。第一篇论文的修改持续了 2 个月之久。

紧接着的第二篇论文也是如此。实验、论文、改稿、投稿,每一个过程都是在老师的悉心指导下完成的,论文也逐渐从原来的不成文模样到后来的像模像样。

这些年来,眼看着我们的队伍越来越壮大,科研水平越来越高,但老师却没有一丝停下的迹象。

骑行、钓鱼、旅行，都不在话下！

如果说进龚老师团队之前，他给我的感受只是一位学识渊博、颇有学者风采的老师，在和老师的逐渐熟悉、深入相处之后，他作为一个高级知识分子的鲜活形象逐渐丰富起来。

龚老师喜欢骑行、钓鱼和旅行。

钓鱼应该是龚老师最喜爱的户外活动。而且龚老师不单自己玩，还乐于带着我们一起玩。

第一次和龚老师出去钓鱼，是来到未来城校区之后的一个秋天。老师听说新校区地处偏远，娱乐活动很少，而恰好周边荒郊野岭，河流湖泊居多，竟然在例会结束时主动提出带我们去钓鱼！我们顿时乐极了，第一时间报了名。

发现我们钓鱼技术不咋样时，龚老师在忙活自己钓上鱼的同时不忘指导我们改进技术，一步一步地，让我们每个人都能体会到钓上鱼的乐趣。

龚老师说："钓鱼是个技术活，也是个持久战，一个强化学习的过程，你必须不断试错，才知道正确的做法是什么。"趁着午间大家一起在湖边吃盒饭的时间，老师闲谈道："带你们来钓鱼，是带大家放松一下，平时科研压力大，让你们知道 learning from nature，我们的进化算法不就是这么做的嘛！大自然的、人类社会的很多现象都可以给做研究以启发。"

除了钓鱼，龚老师也热爱旅行。对一个理工科人，尤其是一个理工科教授来说，很难想象与旅行这件事有如此大的关联。而龚老师，就是这么一个"神奇"的人。

节假日，尤其是寒暑假，老师的"朋友圈"总是隔三岔五地分享自己旅游的照片。从南到北，从东到西，攀登高峰、涉足沙漠、远赴重洋、挑战高原。在湘西古城欣赏苗族歌舞，在异域他乡探索新奇，在广阔天地下自在地奔跑，在山川河岳前抒发自己的感叹。如果不是偶尔夹杂着几条会议或论坛的帮推，我们甚至以为他是一名业余旅行博主！

跟着龚老师学习的这几年,我送走了一届又一届的硕士、博士师兄师姐,又迎来新的师弟师妹。不变的,是老师和团队纯粹的科研初心;一直变好的,是在老师庇护下的我们。

万千感怀,言不尽意,最后写小诗一首敬献恩师,也作为对自己的诫勉。

风雪将霁天澄明,十年踪迹苦劳心。

但得此身育桃李,一任年华似水清。

作者简介

明飞,男,江西赣州人,中国地质大学(武汉)计算机学院地学信息工程专业博士生。于 2019 年在中国地质大学(武汉)计算机学院获得学士学位。主要研究方向为计算智能及其应用。现担任 *IEEE Transactions on Evolutionary Computation*、*IEEE Transactions on Cybernetics*、*IEEE Transactions on Emerging Topics in Computational Intelligence*、*Expert Systems with Applications*、*Memetic Computing* 等国际期刊审稿人,在 SCI 期刊发表论文 20 余篇,其中包括 *IEEE Transactions on Evolutionary Computation*、*IEEE Transactions on Cybernetics*、*IEEE Transactions on Emerging Topics in Computational Intelligence*、*IEEE Computational Intelligence Magazine*、*IEEE/CAA Journal of Automatica Sinica* 等。曾获得 2022 年和 2023 年博士研究生国家奖学金、"华为杯"中国研究生数学建模竞赛二等奖、中国计算机学会武汉"优秀博士生学术风采展示论坛"一等奖等荣誉。

19

科研五载好时光,情深意切教相长
——禹文豪老师与学生的故事

导师简介

禹文豪,男,特任教授,博士生导师,空间信息系党支部书记,国家级一流本科专业建设负责人(地理信息科学),中国测绘学会智能化测绘工作委员会委员,主要从事时空数据挖掘、地图综合以及大模型等研究,入选湖北省"楚天学者计划"、"地大学者"青年拔尖人才,连续两年入选(2022—2023年)全球前2%顶尖科学家榜单(美国斯坦福大学发布)。主持国家自然科学基金项目3项、湖北省自然科学基金项目2项。作为骨干成员参与国家高技术研究发展计划(863计划)项目、国家自然科

禹文豪教授

学基金重点项目,以及多项横向工程项目。获省部级科学技术进步奖二等奖2项,地理信息科技进步奖一等奖1项,"地理信息系统原理"课程获批国家级线下一流本科课程。在 *International Journal of Geographical Information Science*、*ISPRS Journal of Photogrammetry and Remote Sensing*、*IEEE Transactions on Intelligent Transportation Systems(T - ITS)*、*Transactions in GIS*、*Information Sciences* 等权威期刊上公开发表论文60余篇,其中以第一作者身份发表ESI高被引论文(前1%)1篇、中文高被引论文2篇。

从本科的迷茫,历经硕士的犹豫,最终到读博的坚定,我很幸运,在这条路上,有禹文豪老师的指导与陪伴。

"你有没有告诉你的父母"

2017年的秋天,我还是中国地质大学(武汉)地理与信息工程学院测绘工程专业三年级的学生,学院发布了招收信息科学实验班学生的公告。实验班的学生是本硕联合培养的,需要提前选导师。我在学院官网上查看了禹老师的研究方向并仔细阅读了他发表的文章。禹文豪老师是地理与信息工程学院引进的高水平人才,引入后被破格提拔为副教授。他的研究方向十分广泛,包括地理数据挖掘、地图制图、交通地理等多个方向。慎重考虑后,我怀着强烈的兴趣给禹老师发送了第一封邮件。

邮件发出的当天下午,我就接到了禹老师打来的电话,"张一帆同学你好,我是禹文豪,收到你的邮件了,我觉得我们还是应该面谈一下……"迎着夕阳的光,我奔向信工楼439——我即将要待两年的地方。跟禹老师见面后,他说:"一帆,我看了你的个人情况,如果你选我当导师,以后就要跟着我读硕士,这件事你有没有告诉你的父母?毕竟这关系到之后几年的学习,还是要慎重。"我呆立着犹豫了一下,一时却不知道该如何回答。升入大学之后,似乎做任何决定都很少有人会问我是否跟父母沟通过,基本上都默认大家是成年人,做的决定都考虑好了。但那一刻,我感受到了一种被认真对待的仪式感。这句话让我追随禹老师做学问的决心愈加坚定。

"做科研要落脚到细节"

顺利成为禹老师的学生之后,我开始慢慢地接触科研。

印象中很深刻,我的第一个课题做的是兴趣点的综合选取,需要自学 ArcGIS Engine 二次开发的内容。我去图书馆借了一本专业书籍,每天慢慢啃。一天晚上,有个细节问题一直报错,因为问题实在太小,有点不敢打扰禹老师。我尝试解决问题,但失败太多次之后,犹豫再三,我还是壮着胆子给禹老师发了信息。没想到禹老师几乎秒回,给了我非常细致的解答。然而,我再次尝试后,问题依然没有解决。那时我有点逃避心理,觉得自己好像解决不了这个问题了,但是又不敢再去问禹老师,害怕禹老师觉得我不够聪明,对我产生坏印象。令我没有想到

禹老师(左一)与作者(右一)合影

的是,过了一会,禹老师主动来询问问题是否得到解决。当他得知问题还未解决,禹老师让我给他截图具体的报错信息并开始一步步帮我调试。时间到了晚上十一点,我怕太晚会打扰禹老师休息,于是跟禹老师说这应该只是一个细节问题,并不是很重要,我可以等明天再自己看看。禹老师语重心长地跟我说:"虽然这只是一个细节问题,但是既然遇到了就要及时解决,做科研要落脚到细节,进而一步步解决一个个问题。"说完,禹老师还是继续帮我调试代码,直到问题得到解决。

从那以后,科研途中,我又遇到很多"更高更陡的山",每当我心浮气躁无法安静下来的时候,我都会想起那天禹老师深夜帮我调代码的事情,心里慢慢就会觉得踏实安定许多。一步一个脚印,才能更踏实、更勇敢地继续向前进、向上攀。

"早上要喝一杯牛奶,晚上也要喝一杯牛奶"

2019年的秋天,我正式步入研究生生涯,来到了未来城校区。

初到未来城校区,我对很多地方都不太适应,生活节奏被打乱。那时新课题

恰好步入攻坚时刻,我每天都很担忧,惶恐自己没有能力解决面临的难题,整个人被焦虑包裹,有时晚上还会失眠到很晚。一天组会,老师问我实验结果如何,是否对实验结果进行了分析。我一时畏难情绪涌上心头,说目前实验结果很差,而且觉得目前的能力解决不了这个问题,希望老师考虑一下是否要换课题。老师愣了一下,察觉到我的情绪波动,告诉我要先好好休息几天,他会仔细考虑后找我沟通交流。

休息了几天后,老师来找我沟通。他耐心地听我倾吐我面临的生活与科研上的困难,给了很多实质性的建议和帮助。其实,回想那日,具体聊了什么,我早已记不太清,但我始终记得老师关心的神情。他对我说:"做科研,身体第一,科研做得不顺利是正常的,我们要有一颗平常心,不要太在意结果。同时,你也要多关注自己的生活状态,不要让自己太累,早上要喝一杯牛奶,晚上也要喝一杯牛奶。"

虽然早晚一杯牛奶这个习惯我未能保持,但老师对我生活上的关切总像暖流一般,在很多个辗转反侧的夜晚给了我及时的安慰与支持。

"一帆,你来啦"

在这几年时间里,禹老师一直都有一股创业者的精神,他夙兴夜寐,常常晚上十二点、早上五六点都能秒回信息。禹老师凭着自己出色的能力和不懈的奋斗精神不断前进,连续获得了国家自然科学基金青年项目和面上项目,成功晋升为教授、博士生导师,还获评湖北省"楚天学者计划"(楚天学子)、"地大学者"青年拔尖人才等荣誉称号。

作为禹老师的学生,我也在他的引领下稳步前进,于2020年顺利获得了硕士研究生国家奖学金、2021年度校级十大"优秀研究生标兵"的荣誉称号。2021年学院研究生新生入学典礼上,禹老师被邀请作为老师代表发言,我也很荣幸被邀请作为学生代表发言。当天去会场之前,我还不知会与老师同台,我俩在会场见到彼此的时候,都有些惊讶。老师欣慰地看着我说:"一帆,你来啦。"我也笑着回老师说："是的，老师，我来啦。"

老师上台发言前，在台上对着台下的老师和同学们深深鞠了一躬。我上台前，也模仿着老师，向大家深深鞠了一躬。在台上，我很自豪地跟师弟师妹们分享禹老师曾经指导我的经历："禹老师曾经跟我说，做科研要沉下心、学习要狠下心、最好保持一颗平常心。"

这5年时间，禹老师于我来说既是师长、又是"战友"。我在禹老师的引领下不断成长。回首过往，我很庆幸能够遇到禹老师，也很荣幸能与禹老师一同度过这段青春时光，见证彼此的成长。

"不管做什么决定，老师都支持你"

毕业后从事什么职业，对大多数同学而言都是一个没法轻易回答的问题，对我而言更是如此。

临近毕业的那段时间，我非常焦虑，一直在发愁是要读博还是工作。从老家的小学，到初中，到高中，再到中国地质大学（武汉）本硕连读，这一路上，父母为我付出了太多。如果我继续读博，不仅要面临学习上的压力，还要让父母继续辛苦好几年。但是，我对自己的课题很感兴趣，我也很享受做科研的过程。同时，我之前跟禹老师说过要读博，老师也在积极仔细地为我规划，如果不读博，也实在有点对不起禹老师的培养。

立于人生的岔路口前，我再次焦虑到夜不能寐。但老师依然如同"老友"一般，很快就发现了我的纠结和焦虑。他告诉我他曾经也有过类似的经历，更是理解我的担忧和想法。禹老师跟我说，不管我做什么决定他都支持我，希望我能够放下"担子"，认真过好自己的生活，把得失看淡些。和老师沟通完，我心上的"担子"即刻轻了许多。

实践出真知，我没有什么工作经验，不知道实际工作是什么样的。因此，老师给我放了几个月的假，让我去实习、去体验、去感受、去找答案。2022年春，从高德地图实习2个月回来后，经过与家人的沟通交流，我坚定地走向了禹老师办公室,跟老师说我要读博,要把自己还没做完的研究继续做下去。

自此,我的博士生涯又开启了,今年也是我在中国地质大学(武汉)的第 7 年,我依旧像往日一样,充满了对未来的信心与对科研探索的热爱。

"要将个人理想与国家发展相结合"

从 2017 年到 2022 年,我在课题组经历了许多,变化了许多,也成长了许多。我所在的课题组从 2 个人,到 3 个人,再到现在的 20 人;我所在的学院从信工学院到地理与信息工程学院,从南望山校区到未来城校区,我们同学院一起见证了学校的发展。2019 年,建国 70 周年,2021 年,建党百年,我们同样见证了党和国家的发展与进步。时代在变,环境在变,但是,我能感受到禹老师对科研一如既往的热情以及他那一颗谆谆爱国之心没有变。

禹老师常跟我们说,做科研要时刻将目光放在国家战略发展层面,要将个人理想与国家发展相结合,把握历史机遇。他不仅这么说,也是这么做的。2020 年,新冠疫情侵袭武汉,武汉市的药店采用逐步开放的政策。在这个背景下,禹老师带领着课题组成员,克服困难、居家进行科研攻关。课题组同学在老师的指导下,利用所学的 GIS 知识,提出了一项关于武汉市疫情的科技咨询建议,用于缓解患者购药难题。该建议获得了省委领导批示,不仅体现了老师对国家的关心和热爱,也彰显了地大人为国家分忧解难的求真务实本色。

"科研五载好时光,情深意切教相长。恰逢春风此时到,桃李定能天下扬。" 2022 年大年初一,我回顾了自己与老师过往的经历,用有些拙劣但足够真诚的文笔,给老师写了一首诗,向老师致以新春祝福。

回首与禹老师相处的这 5 年时光,无论是科研上的传道解惑还是身体心理上的关怀备至,抑或是对我人生重大节点选择的坚定支持,这份师生情谊纸笔尚难以承载。

科研之路,道阻且长,只有持坚定的信念、必胜的信心,我们才有可能取得成功。在此,谨以此文记录我和禹老师 5 年的过往,希望能对在科研道路上不断求索的同学们有所裨益,也借此激励自我继续赶路,勇攀高峰。

作者简介

  张一帆，博士生，研究方向为地图制图综合与GeoAI，在GIS相关领域以第一作者/通讯作者身份累计发表SCI论文8篇，其中在 *ISPRS Journal of Photogrammetry and Remote Sensing* 期刊发表论文1篇，在 *International Journal of Geographical Information Science* 发表论文4篇，曾获得2020年硕士研究生国家奖学金、2021年校级十大"优秀研究生标兵"、2022年博士研究生国家奖学金。

20

率真、严谨的"蒋学长"
——蒋良孝老师与学生的故事

导师简介

蒋良孝，男，中国地质大学（武汉）计算机学院教授，博士生导师，入选教育部"新世纪优秀人才支持计划"，CCF 和 CAAI 高级会员，CCF 人工智能与模式识别专业委员会委员，CAAI 不确定性人工智能专业委员会委员，CAAI 粒计算与知识发现专业委员会委员，CAAI 机器学习专业委员会通讯委员。主要从事数据挖掘与机器学习方向的教学和研究工作。发表重要学术期刊和会议论文 100 余篇，出版学术专著 1 部，副主编教材 2 部，授权国家发明专利 8 项，获批计算机软件著作权 9 项。提出的 CFWNB、HNB 和 WAODE 算法被国际著名数据挖掘与机器学习实验平台 WEKA 集成发布。连续 4 年入选全球前 2% 顶尖科学家（2019—2022 年）和爱思唯尔中国高被引学者（2020—2023）。荣获湖北省自然科学奖二等奖 1 项（排名第 3）、湖北省自然科学奖三等奖 2 项（分别排名第 1、第 4）、湖北省高等学校教学成果奖二等奖 2 项（分别排名第 2、第 8）。

蒋良孝教授

从说文解字的角度来讲，称呼老师为"学长"，表达两层含义：一方面，蒋老师在我们心中既是学者，也是长辈，更是主持实验室日常学习工作的领路人，因此用"学长"倒也契合这个词本来的含义；另一方面，蒋老师的本科、硕士、博士学业均在中国地质大学（武汉）完成，也确确实实是我们身边的"老学长"。至于"率真"和"严谨"，思议再三，我们认为这应该是最适合蒋老师的形容词。

入团承诺

蒋老师带研究生的时间并不长。自 2012 年成立科研团队伊始,蒋老师便为它取名为 CUG-Miner(地大矿工)。一方面,这呼应了我们团队从事数据挖掘(Data Mining)相关的研究;另一方面,按照蒋老师的话讲,也希望我们真的可以像矿工一样吃苦耐劳,潜心挖掘属于自己的成果宝藏。

团队图标

每个 CUG-Miner 成员加入团队要完成的第一件事便是签订一份《入团队承诺书》。承诺书是对蒋老师和学生的双重约束,其中包含了许多项蒋老师允诺我们他会做到的,以及他认为我们需要做到的事情。作为团队的负责人,他希望每个成员都可以真心实意、无怨无悔地加入团队,因此他把所有可能引发师生矛盾的点都列出来,讲清楚,防患于未然。相较于我们,蒋老师对这份承诺书的态度分外严谨,承诺书中许诺我们的事情老师都会超额完成,也从不要求我们做承诺书之外的事情。偶尔,蒋老师还会更新这个文件,然后让大家仔细通读、了然于心。得益于这不到一页纸的文件,CUG-Miner 团队从未发生过任何具有不良影响的师生事件。

几经风雨的 6 个模板

如何用自己的经验和积累帮助学生少走弯路,蒋老师有自己独特的方法。每次新成员加入团队时,蒋老师都会将自己精心打磨的 6 个模板发给他们看。

研究生文献阅读模板.doc
研究生算法实验模板.doc
研究生论文撰写模板.doc
研究生参考文献模板.doc
研究生专利申报模板.doc
研究生软件著作模板.doc

蒋老师给学生的 6 个模板

这些模板,倾注了蒋老师培养学生的许多心

血,内容涵盖了研究生学习期间的方方面面:如何总结阅读过的论文、如何定义算法流程、如何开始论文写作、如何快速整理参考文献……其中的每一条每一项,都是蒋老师从学生时代至今的积累和总结,是可以帮助学生尽快提高科研能力的"武功秘籍"。不过,这份"武功秘籍"的传承也并非一帆风顺。我们中的许多人,在刚加入团队时都尝试用自己的方法来挑战这份"武功秘籍"。蒋老师也鼓励创新,他常说:"如果大家不想按照模板来,有更好更快的方法,也可以说服我,教给我,我整理成新的模板供你们以后的师弟师妹使用。"尽管大家屡屡挑战,不过就目前的"战况"来看,这样的"武学奇才"还没出现。

爱心、细心、耐心

"搞研究做学问,一定要有爱心、细心和耐心",这是蒋老师日常挂在嘴边的一句话。在和我们交流论文写作时,蒋老师总教导我们要把论文当作自己的孩子,要像爱护自己的孩子一样去爱护自己的论文,以它为荣,希望它更好,这便是"爱心"。在蒋老师眼中,一切的成果都源于兴趣和喜欢,其次就是细心。蒋老师认为,犯错并不可怕,但是重复犯相同的错误就是不细心导致的。论文写作,要想进步,要细心,要做有心人,要时常总结犯过的错误,避免重复犯错。耐心同样重要,做研究要耐得住寂寞,要不怕困难、克服困难,更不能急于求成。蒋老师说:"每一篇论文,都要当作艺术品一样去打磨它,直到它没有一点瑕疵。要做到无论何时你打开自己的论文,心中都要充满欢喜和自豪。"

蒋老师这样说,更这样做。几乎我们每个人的第一篇论文,到了和蒋老师讨论修改的这个阶段时,都是一段"惨痛"的经历。老师总是用最直白的话,指出论文中出现的每个问题。从动机立意,到章节安排、段落设计、语句前后的因果关系、具体用词,再到插图美观,蒋老师每个方面都会帮我们把关。通常,一篇我们自己看起来满意的论文,都会被蒋老师整页整页地批注修改。一觉醒来发现蒋老师几十条修改意见的留言、过年前后被蒋老师询问论文修改进度、持续几个小时的会议来讨论论文中的错误,这些都是发生过在我身上的事。关于思考如何

蒋良孝老师（左三）与毕业生合影

改进论文写作的问题，蒋老师甚至会带到床上，经常想着这些问题睡不着觉。等第二天一大早，又神采奕奕地拉着学生讨论新的思路。正是在蒋老师这样细心和严格的指导下，我们也在不知不觉中被感染，逐渐喜欢上自己的研究，以自己的成果为骄傲。

提心吊胆的课堂

老师的率真和严谨，同样带去了他的课堂。如果有同学想在课上"划水"，老师的"模式识别"和"机器学习"课程可能是最差的选择，这绝不是危言耸听。在坚守教学效果和维护教学原则上，蒋老师从不让步，有时甚至"不留情面"。在上课前，蒋老师可能会从后排将学生一路赶到前排听讲；刚上课时，蒋老师可能不允许迟到的同学进入课堂；开讲后，蒋老师可能会将影响课堂氛围的学生赶出教室；课间提问时，蒋老师可能会让答不上问题的学生站着听讲；快下课时，蒋老师可能会突然让大家拿出纸笔回答几个问题；批改报告时，蒋老师发现学生抄袭绝不姑息……因此，你如果是个"差学生"，可能会在蒋老师的课上"提心吊胆"。但是只要你态度认真，便绝对会收获一个印象深刻的课堂。团队中的许多人都是

🟢 **蒋老师的上机课堂**

在还未进入团队时,在课堂上便被老师的魅力所吸引,最终选择成为团队一员。

勇于亮剑和真情流露

我们私下猜测,蒋老师的偶像可能是电视剧《亮剑》中的李云龙。因为蒋老师一再强调,我们需要具备亮剑精神,无论是科研分享,还是临场答辩。以答辩为例,蒋老师常讲:"大家一定要勇于亮剑,对自己的成果不要不自信,要满怀信心、真情流露地去展示自己,打动评委老师。"蒋老师认为,亮剑,亮的是一种态度和决心,是一种精神和气质。亮剑,就是用自己的真情实感去感悟生活和研究,用辛苦努力直面困难和失败,用积极乐观去雕琢青春和未来。

这种气质,蒋老师也带到了生活中。比起发论文、出成果,蒋老师更加关注大家的生活质量,身心健康。他常说:"一个人具备乐观开朗的心态很重要,这样的人即使在学校不是一个优秀的研究生,也不影响他日后拥有一个幸福的生活。"实验室外,茶余饭后,蒋老师和我们提到最多的就是李老师和他的两个孩子。越了解蒋老师,越发现他不仅是一个好老师、好朋友,还是一个好丈夫、好父亲。当然了,蒋老师也不忘将这种幸福传递给我们,他常鼓励大家:"大学时期的恋爱是最单纯自由的,喜欢对方就一定要勇于让对方知道。让对方了解你才会有更多的机会,就算失败了也不留遗憾,不要退缩。"就像这样的很多个时候,蒋老师给我们的感觉不只是老师,更是一个家长和朋友,是不折不扣的蒋"学长"。

两个理想

2019年蒋老师成为博士生导师,实验室可以招收更多学生,加之研究生扩招,团队一下子壮大不少。慕名而来的学生很多,几乎每一年都需要额外的名额。蒋老师因为学生变多一年比一年忙碌,但仍然没有落下与我们每个人的交流。有时蒋老师甚至还督促我们好好努力,多与他交流,别让他闲下来。有一次在路上遇到一个朋友,朋友说发现蒋老师比过去苍老了许多,因此询问我蒋老师近况,生活是否如意。我这才猛然发现蒋老师相较于过去,两鬓已多了许多白发。有一次例会与蒋老师说起,蒋老师大大咧咧,毫不在意。蒋老师更加在意的是自己的"两个理想"。偶然听蒋老师讲:"人生中各种名誉和利益甚多,过分追逐令人盲目,到头来都是虚无。"相较于名利,蒋老师追逐的人生理想有两个:其一是多做感兴趣的研究,发表的论文争取30年后还有人引用;其二是好好培养学生,争取退休后还有几个学生可以拿来"吹牛"。

团队外出调研照片

初次听闻这两个朴素的理想时,先是感动,而后汗颜。毫无疑问,这两个理想实现与否,与团队中的每个成员息息相关。但眼下我们着实羽翼未丰,还远达不到帮助蒋老师实现理想的水平。不过,我们都愿意,跟随蒋老师的步伐,去学习和探索,一步一步变强。希望有朝一日,我们能够强大到帮助蒋老师实现这两个理想。

受教3年,蒋老师在生活、科研、做人、感情等方面都让我受益良多。对于每个团队成员而言,蒋老师是我们的长辈、导师、朋友,是我们未来很长一段时间内,引以为豪的学习榜样。亲其师而信其道,信其道而受其教,知遇这样一位率真、严谨的蒋"学长",幸莫大焉。前路漫漫,我们与您同行!

作者简介

张文钧,计算机学院 2019 级硕士研究生,研究方向为机器学习和数据挖掘。获 2021 年度硕士研究生国家奖学金,以第一作者身份在 CCF 推荐的 A 类期刊《计算机研究与发展》和《中国科学:信息科学》上发表论文各 1 篇。

21

丹心热血沃心花,德义门生自得意
——徐德义老师与学生的故事

导师简介

徐德义，男，中国地质大学（武汉）经济管理学院教授，博士生导师，国际数学地球科学协会终身会员，全国工业统计学教学研究会理事，中国现场统计研究会资源与环境统计分会常务理事，中国现场统计研究会大数据统计分会理事，湖北省数量经济学会副会长，湖北省经济学会副秘书长。

徐德义教授师从於崇文院士，也是成秋明院士领衔的国际数学地质研究领域团队成员，推动地质学从定性向定量

徐德义教授

研究发展；国家社会科学基金重大项目首席专家，主持国家自然科学基金项目6项，在国内外期刊上发表学术论文130余篇。

徐德义老师的课题组名为"德义门生"，目前师门内，全日制学生共有22人，其中博士生9人，硕士生13人，博士后1人。团队中有3位博士生毕业后留校担任特任副教授。师门科研成果丰硕，在 Computers and Geosciences、Nonlinear Processes in Geophysics、Natural Resources Research、Resources Policy、Renewable and Sustainable Energy Reviews、Energy、Energy Economics、Futures、Journal of Environmental Management、Energy Policy、《地球科学》《资源科学》等国内外期刊发表多篇高水平学术论文，其中ESI热点论文1篇，ESI高被引论文10余篇。

光阴在生活中留下轻盈的足迹,裹挟着昔日的美好悠然长去,时光荏苒,我与中国地质大学(武汉)于2022年金秋相逢,转眼已过去一年岁月。又是一节"空间数据分析"课程,落堂打铃声响起,慵懒的阳光穿过致知楼洒在课桌上,偷得短暂闲暇,故起笔记录下我心中的徐老师。

徐老师身高不高,平时戴着一副半框眼镜,提着一个已有些年头的文件包,一头白发已沾染上岁月的痕迹,但他站上讲台时仍神采奕奕,一点没有年过半百的模样,声音洪亮中厚,把每一个观点和知识精准地输入到学生们的脑海中。在平时的交流中,徐老师循循善诱、语调温柔轻和,似春风化雨,润物无声。徐老师喜欢散步,清晨、午后、黄昏,我偶尔能在学校的林荫道上看到他踩着闲适的步伐散步。

徐老师的"脚步"很快,总是走在知识探究的前沿上。在资源稀缺的时代,战略性矿产资源在高技术产业发展与低碳能源转型中不可或缺,对保障国家经济安全至关重要。徐老师带领团队主动走上了研究战略性矿产资源的新大道上,并尝试提出针对性解决措施,成功立项国家社会科学基金重大项目。此外,近些年机器学习盛行之时,师门里的师兄师姐也在徐老师的建议下着手学习软件语言,从方法上紧跟时代需求。无独有偶,前些年空间数据分析走进统计学科时,徐老师也带领团队对该方面展开研究,并在不少期刊上发表了该方面的学术论文。而研一的我们初入师门,徐老师也鼓励我们多涉猎不同领域,多找寻个人感兴趣的研究方向。经过一年的学习,从知识图谱到区块链,从锂矿供需分析到生命周期分析,大家在完成基本的课程学习之余,在各自的研究领域比肩而立,不断进步。

徐老师的"脚步"又很慢,他教导我们每一步都要走得实、走得稳。"不驰于空想,不骛于虚声"是徐老师给我们上的第一课。徐老师说青年人要把握好当下,脚踏实地,要把自己深刻地扎进自己研究领域的"根"里,以课程学习、论文阅读、组会研讨为养料,以勤奋为光,才能在未来开出绚烂的"花"。在"研途"之初,我常囿于没有确定的兴趣研究方向,因此不断更换自己的学习领域,导致在研究中冗杂不精。徐老师并不指责,只是给我推荐书籍并且让我多阅览论文,踏踏实实地摸索自己的路。在我存在一些冒进和天马行空的想法之时,徐老师总能一针见血地指出不足,并用自己的人生阅历给我指明前进的方向。学习的道路并非一帆风顺,科研也像是一块"硬骨头",如若没有奋力拼搏和勇往直前的毅力,那也难以享受成绩斐然的那天。

徐老师的"脚步"还很短,走出半生,仍驻足于"三尺讲台"。今年59岁的徐老师,没有大家世俗印象里"男教授60岁退休"的刻板印象,仍兢兢业业站立在"三尺讲台"上,从研一上学期的"行业前沿讲座"到研二下学期的"空间数据分析",徐老师不仅授我以鱼,更授我以渔。他在课

徐德义老师主持发言

堂上犀利的提问偶尔会令我心里一怵,我自知我和老师中间横亘着的是无止境的书籍学习和文献阅读导致的思想鸿沟。人活一生,是不断学习的一生。有次闲聊我打趣地问徐老师:"我们是不是您带的最后一届学生了?"老师呵呵一笑,只答:"还早。"

徐老师的"脚步"也很长,每个告别师门的师兄师姐,都只是老师行走一步的"脚印"。是啊,"令公桃李满天下,何用堂前更种花。"教师最开心的时刻,莫过于学生们健康成长,茁壮成才。徐老师带过的历届学生有个群聊,名为"得意门生",每逢节假,总有师兄师姐在群里道上一声祝福,道上一份思念。而徐老师出差异地调研,也不乏有已毕业的师兄师姐们在群里晒出跟老师的合照,温馨且适意。一日为师,终身为父,这几十年风霜雨雪,几十载寒暑更迭,徐老师将每一届学生都视作自己珍贵的财富。

"鹤发银丝映日月,丹心热血沃心花。"我想,也许徐老师在未来几年内会逐渐走下讲台,褪去教师这一外衫,慢慢地不再走在科研的前线了,但他日复一日对学习科研甘之如饴的精神永远指引着我。徐老师在为莘莘学子传其道解其惑时,已经付出了这一生的所学,而这些教诲也会在我心中种下一颗种子,在未来的学习生涯中,不惧挑战,见贤思齐,不断学习,不断向老师请教。你相信什么,坚持什么,就会成为什么。

徐德义老师课题组年会

行文至此,落笔为终。最后祝愿徐老师身体健康,事事顺遂。

作者简介

林子涵,中国地质大学(武汉)经济管理学院 2022 级应用统计专业硕士研究生。福建平潭人,研究方向为投入产出分析、战略性矿产经济。

追随星辰的脚步,他是我的科研筑梦人!
——郭上江老师与学生的故事

导师简介

郭上江,男,数学与物理学院教授,博士生导师,湖南大学岳麓学者特聘教授,国务院政府特殊津贴获得者,主要从事微分方程分岔理论及应用研究、随机动力系统理论及应用研究。主持国家自然科学基金项目 7 项,在 Springer 出版英文专著 1 部,在 *Journal of Differential Equations*、*Journal of Neurosurgery*、*Mathematical Models and Methods in Applied Sciences*、*Discrete and Continuous Dynamical Systems*、*Zeitschrift fur Angewandte Mathematik und Physik*、*Nonlinearity* 等杂志上发表论文 80 余篇。2014—2024 年连续 10 次入选爱思唯尔"中国高被引学者"榜单。获湖南省自然科学基金杰出青年基金(2010 年)、湖南省自然科学奖一等奖(排名第 1,2018 年)、湖南省科学技术进步奖一等奖(排名第 2,2008 年)、湖北省教学成果奖二等奖(排名第 3,2023 年),入选教育部"新世纪优秀人才支持计划"(2007 年)和湖南省首批 121 创新人才培养工程(2005 年)。担任包含国际 SCI 刊物 *Bulletin of the Malaysian Mathematical Sciences Society* 在内的 4 个学术刊物的编委。

郭上江老师

引言

在学术的殿堂里,有这样一位教授,他的存在如一颗璀璨的明星,照亮了无数学生的求学道路。他的学术造诣深厚,品德高尚,谦逊待人,对学生的关心无微不至,他就是我们的导师郭上江教授。

在学术研究方面,郭上江教授主要从事微分方程分岔理论及应用研究、随机动力系统理论及应用研究,对专业领域的知识有着独到的见解。他的论文和著作广受国内外专家同行的赞誉。在长期的学术生涯中,他始终保持着严谨的治学态度和浓烈的求知热情,以身作则,悉心指导学生,传授学术经验。

在意志品格方面,郭上江教授为人和善,待人谦逊,言行举止让人如沐春风,有着深厚的内涵和高尚的品格。他坚守学术道德和职业操守,始终保持一颗纯净的心,专心于学术研究和教育事业。他的卓越贡献和崇高品质,赢得了广大同行和师生的尊敬与爱戴。

在日常生活方面,郭上江教授对学生的关心无微不至,他不仅关注学生的科研进展,更关心学生的生活和成长。他常常与学生交流沟通,了解他们的想法和困惑,并耐心地给予指导和帮助。他的关心让学生感受到温暖和力量,郭老师是学生心中的楷模和榜样。

启蒙之路:初识科研,激发兴趣

大四那年,我面临着人生的一个重要选择:是继续深造,还是步入社会。在这个关键时刻,郭上江老师走进了我的生活,为我指明了方向。他鼓励我参加他们团队每周一次的讨论班,并给我提供了一些文献和书籍作为学习资源。就这样我开始接触到微分方程与动力系统这一研究领域。郭老师耐心地解答了我提出的简单基础问题,指导我如何阅读论文,时常督促我自主学习。在郭老师的悉心指导下,我逐渐掌握了动力系统的基础知识,并对特征值理论有了深入的理解。每当我遇到难题,郭老师总是认真地与我讨论,还时不时地提出新问题引发我更进一步地思考,这让我感受到了科研的魅力。

郭上江教授在指导学生

在郭老师的鼓励下,我开始尝试撰写科研论文,他为我选定了一个较简单却具有研究意义的方向作为入门练习,但这对于我这个科研小白来说却是一项挑战。在论文的撰写过程中,我时常遇到推导不出公式、知识基础不足、方法运用困难等问题。每当我陷入困境时,郭老师总会及时地给予我指导,帮助我解决难题,让我重拾信心。终于,经过几个月的努力和漫长的等待,我的第一篇科研论文顺利被接收并发表,这极大地鼓舞了我。于是,我怀揣着对知识的渴望和对学术的热情,开始了我的科研探索之旅。

深入探索:阻碍重重,共克难关

进入硕士研究生阶段后,除了专业课的学习之外,我也继续着手于具体问题的研究。我所面临的第一个困难就是如何确定研究课题。郭老师告诉我,论文的写作要立足于生产生活的实际需求,研究一定要具有实际意义,这样我们的科研成果才会有价值;同时,还需要通过阅读大量的文献来理清所研究问题的来龙去脉和研究现状,这样才能更好地把握住文章的创新点和难点。

当我在研究过程中遇到了靠自己无法解决的难题时,我总是寻找郭老师帮助。郭老师很忙,他牺牲周末和节假日的休息时间与我进行讨论交流,有时也不得不被公事打断,但他仍会认真思考我的问题并给出解答,没有半点怠慢。我担心与郭老师讨论得太久会耽误他的工作,给他造成麻烦,他总是笑称:"解决研究中遇到的问题比工作上的问题容易得多,也有意思得多,并不觉得是麻烦,反而乐在其中。"

◎ 郭上江教授在学术会议上作报告

在科研学习的路上会遇到许许多多的困难,失败和挫折都在所难免。在硕士一年级的时候,我的论文接连两次被退稿,这使我的自信遭遇了很大的打击。我开始否定自己的能力,同时愧对于郭老师给我的帮助。在我十分消沉的时候,郭老师仍不厌其烦地帮我修改论文,逐字逐句地指出我写作上的问题,并帮我转投其他期刊。他教导我说:"做研究要脚踏实地,有自己的思路和见解,不能急于求成,好文章都是经过多次打磨出来的。"他不仅给予了我肯定和鼓励,还帮我设计了一个新的研究课题。于是,我放下心理负担,重新踏上了征途,迎接新的挑战。

学术交流：拓宽视野，共同进步

郭老师深知学术交流对于科研工作的重要性。他鼓励我们多与业内专家交流，拓宽视野，了解最新的研究成果和发展趋势。在他的鼓励与支持下，我参加了多次学术研讨会。在学术会议上，我有幸聆听到了来自全国乃至全球的知名专家学者的精彩演讲，他们慷慨分享了各自的研究成果，并与同行们深入交流。这些学术交流经历让我开阔了眼界，了解到了许多新的知识和方法，尽管报告中的很多内容于我而言还难以理解和掌握，但学者们那种不懈的钻研精神与满腔的热情还是深深地触动了我。

团队师生参加学术会议合影

去年暑假，我们参加了在南京信息工程大学开展的为期一周的"生物数学和分支理论天元讲习班"，主讲人是本领域内享有盛誉的知名专家。培训期间，郭老师鼓励我们与授课的教授多多交流，主动结识同期参加培训的老师和同学。他说："不论做人还是做学问，身边都要有这样3种人：一是可以引领你的人；二是与你水平相近、可以相互学习的人；三是追随者，将自己的研究发扬光大的人。"这些话带给了我很多的启发,与专家和同行进行交流讨论不仅能获得有价值的见解和建议,帮助我开阔视野、深化理解,还能彼此分享经验、互相鼓励,让我在学术之路上走得更长远。这些都将成为学术生涯中宝贵的经历。

为了提升我的学术汇报能力和自主学习能力,我开始担任团队每周一次讨论班的主讲之一。每次授课的内容对于我而言都是全新的领域,所以我需要广泛查阅相关资料进行深入学习,并投入大量时间和精力进行推导验证,然后根据自己的理解准备讲稿,力求在讲课过程中将文本内容与个人思考紧密结合,以清晰、准确的方式传达给听众。郭老师对我的表现给予了充分的肯定和认可,还鼓励我在此基础上进一步深入思考,探索这些新知识对我们自身研究的启示。郭老师说:"一方面是把课讲好,让听众在聆听的过程中有所收获。另一方面是学以致用,把自己学习掌握到的方法应用到自己的研究中,才算真正发挥了知识的价值和意义。"

生活关怀:良师益友,温暖相伴

团队师生合影

郭老师不仅是我学术上的导师，更是我人生道路上的良师益友。他常常与我们分享他的生活经验和人生感悟，他希望我们的生活是充实的，不是虚度的。每逢新学年伊始，郭老师会召集学生齐聚一堂，欢迎新生加入我们的团队，他鼓励我们要珍惜时光，努力学习，为自己的未来打下坚实的基础。同时，他还鼓励我们要多锻炼身体，培养自己的兴趣爱好，平衡学习和生活，在忙碌中找到属于自己的乐趣。恰逢中秋节前后，郭老师还会贴心地为每位同学准备月饼和水果，让我们每个人都能感受到他的温暖和关爱。

在日常学习生活中，他时常与我们谈心，从学业上的困惑聊到生活中的烦恼。他总是用他丰富的经验和阅历为我们解答疑惑，让我们在迷茫中找到方向。记得有一次，我因为生活上的琐事而心情低落。郭老师得知后，主动找我谈心，给予我关心和安慰。他告诉我："生活不仅仅是为了学习，更是为了体验和成长。人生就像一场长跑，需要坚持不懈地努力才能取得好成绩。"他的话语让我重新找回了信心和勇气，让我更加坚定地走在科研的道路上。在郭老师的陪伴下，我不仅学会了如何做科研，更学会了如何面对生活的挑战和困难。

展望未来：传承精神，勇攀高峰

得遇良师，何其有幸。他常常教育我们："先做人后做学问，不论面临何种困境与压力，都要坚守初心，秉持正义，这样才能在学术上取得长久的成功，否则就很容易在纷繁复杂的社会中迷失自我，失去人生的方向。"他的言传身教让我们懂得，一个人的成功首先在于拥有强大的内心和高尚的品格，其次再看他的专业高度和水平。我们要做一个有道德、有责任、有担当的人，为社会的发展和进步贡献自己的力量。

师生情深，科研同行。在郭老师团队学习的过程中，我们共同探讨问题，分享研究心得，不断寻求突破和创新。同时，他也教会我如何制定目标、规划时间，如何调整心态、发挥自己的优势。他常常鼓励我："遇到挫折不要怕，有挑战才会有突破，有困难才会有创新，要以一种积极的态度面对它。"我深知未来的学术生涯中充满了困难和挑战,而他的期望和信任就是我不断前行的动力。

今后,我将继续传承郭老师的学术精神,勇攀科研高峰,在郭老师的带领下,产出更多优秀的学术成果,共同开创更加美好的未来。

作者简介

田辰源,数学与物理学院 2022 级硕士研究生,山东滨州人,主要研究方向为动力系统与分支理论应用,以第一作者身份发表 SCI 论文 2 篇,曾获得中国地质大学(武汉)校长奖学金。

曲笑薇,数学与物理学院 2023 级博士研究生,山东东营人,主要研究方向为偏泛函微分方程的分支理论与应用,以第一作者身份发表 SCI 论文 1 篇,曾获得国家奖学金、中国地质大学(武汉)校长奖学金。

忽遇文殊开慧眼,他年应记老师心
——鲍建国老师与学生的故事

导师简介

鲍建国，男，环境学院二级教授，博士生导师。主要教学课程包括"环境影响评价""清洁生产""水污染控制工程""环境工程学"等，主要科研方向为水污染控制工程、高级催化氧化材料研发、自净功能膜材料研发、抗生素降解、特种微生物筛选等。已完成国家重点研发计划项目1项、国家高技术研究发展计划项目2项、国家科技支撑计划项

鲍建国老师

目、教育部科学技术研究重点项目、国家自然科学基金面上项目、国家自然科学基金国际合作与交流项目各1项；在研国家自然科学基金面上项目1项；完成湖北省重大科技攻关项目2项，湖北省重大科技专项资金计划项目1项；完成武汉市重点攻关计划项目1项，大、中型国家及地方重点工程的环境影响评价课题150余项，其中，作为主持人完成的课题近百项；主持完成其他研究课题3项；已授权的专利61项，其中，发明专利43项，实用新型专利18项；主持完成环境治理工程的设计和施工项目10余项，均已通过验收，运行良好；有4项环保项目获省部级科技进步奖和其他奖项。发表论文百余篇，其中，SCI检索论文46篇，EI、ISTP检索论文11篇，在国家核心期刊上发表论文45篇；出版专著5部。

前言

"经师易求,人师难得。"何其幸运,能够遇到给你带来知识、成长、教诲与引领的老师。我的导师鲍建国教授便是这样一位"经师"与"人师"相统一的"大先生"。本科生导师制双选后,我拜在鲍建国老师门下,最幸运的是学有良师,启智润心。鲍老师传授给我们专业知识,也用经验与智慧漫谈未来与人生,为我们指点迷津,他不仅是我们的导师,更是我们思想的引领者。

看看,帅气吗?

第一次见到鲍老师时,他还不是我的导师,是我们的专业课老师。那是大三的一节课程,下午上课前,老师背着书包走进教室,虽然看上去有些疲惫,但铃声一响,他立刻进入状态,全神贯注地开始讲课。他的讲课风格幽默诙谐,使得课堂氛围轻松愉快,我们的思维也跟随着他的节奏畅游在知识的海洋。

大三下学期,正值2020年疫情防控期间,老师在线上课堂中认真批阅我们的作业,注重培养我们的自主能力、汇报能力和团队合作能力,让我们在这些方面都有了显著的进步和提高。鲍老师为人和蔼可亲,言语风趣幽默。他曾在一次线上课堂上展示了自己的《清洁生产认证证书》,上面有他的照片,他调侃道:"看看,帅气吗?"同学们在评论区纷纷称赞,这样的互动不仅活跃了课堂气氛,也让我们对他更加敬佩。

鲍老师的这种教学方式,让原本枯燥的课程变得生动有趣,给我留下了深刻的印象。他不仅传授给我们知识,还用幽默的话语拉近了我们之间的距离,激发了我们对学习的兴趣和热情。

野外实习合影（最后一排左二为鲍老师）

孝养父母，尊重师长，快乐工作，快乐学习

育人而为才，以学授之，以仁容之，以心待之。2021年，我成为鲍老师的研究生，他依然是那样平易近人。学术上，鲍老师严谨细致，注重培养我们的探索精神。对于我们团队自主探索的方向，鲍老师也是极力鼓励我们尝试，不惧失败。他常常对我们说："孝养父母，尊重师长，快乐工作，快乐学习。"这是我们团队的队训，每一个团队成员都将其深深记在自己心里并付诸行动。在每年的新生见面会上，鲍老师都会强调这些准则。他用自己的言行丰富了我们的世界观和价值观，让我们明白无论从事什么事业，首先要学会做人。

鲍老师的教导和关怀不仅让我在学术上受益匪浅，也让我在生活中感受到温暖和力量。他用无私的爱和智慧，指引着我们前行，让我们在追求知识的道路上更加坚定和勇敢。正是这种无微不至的关怀和严格要求，激励着我们不断进步，成为更好的人。

无论何种选择,愿你心怀快乐

鲍老师日常对我们付出,在他眼中可能只是教师工作的一部分,但对我们来说,这些却是极为宝贵且难得的财富。在我的印象里,鲍老师从未对学生发过火。我清楚地记得有一次,团队成员犯了错误,鲍老师并没有苛责他,而是语重心长地说:"你这样的态度以后进了社会怎么办,我很担心。"别的老师可能会在学生犯错后严厉批评,但鲍老师首先想到的不是批评和责怪,而是真正从学生的角度出发,为学生考虑,打心底里为学生好。鲍老师严谨的治学态度、以德施教的职业精神,以及大气的处事风格,为我们树立了榜样,总能在无形中赋予我强大的精神力量,鼓舞、激励着我去面对学习和生活中的各种挑战与困难。

在研三期间,我面临读博还是找工作的选择,心中充满了犹豫和忧虑,担心辜负老师的期望。然而鲍老师十分理解我,还告诉我:"无论何种选择,愿你心怀快乐,因为快乐才是最重要的。"这番话让我感动不已,让我明白无论何时,我都有老师坚定的支持,不用畏惧前路的曲折。鲍老师的宽容和理解,让我在学术和生活上都感到无比温暖和踏实。他的无私关怀,不仅让我在学术道路上不断前行,也让我在面对人生的各种选择时,能够从容自信。我知道,有老师的支持和引导,我一定能够走得更加坚定和有力。

团队毕业生和在校生合影(第二排左五和左六分别为鲍老师和师母张老师)

热爱生活,热爱运动

在宽广的学术天地与人生舞台上,鲍老师不仅致力于我们的学术成长,更如同一位充满智慧的长者,关怀着我们的心灵成长。鲍老师经常鼓励我们坚持运动,因为他自己也是运动爱好者,通过锻炼保持良好的身体和心态。鲍老师还是一个特别热爱生活的人,经常在朋友圈中分享他的照片作品,每一张都堪称壁纸级别。他用实际行动告诉我们,学术与生活可以并重,只有保持健康的身体和积极的心态,才能在学术道路上走得更远。他的关怀和鼓励,让我们在追求学术的同时,也懂得了享受生活的美好。

在团队活动中,师母张老师也会积极参与。她总是热情地照顾我们的生活,给予我们无微不至的照顾和鼓励,让我感到这个团队不仅是学术上的组织,更像是一个充满关爱的大家庭。鲍老师和师母共同营造的温馨氛围,让我们更加珍惜这个团队,也激励着我们不断努力,追求卓越。

团队卡通合影(第一排右边七和右边八为鲍老师和师母张老师)

师者匠心,止于至善;师者如光,微以致远。毕业多年的郑丹师姐在老师60岁生日前组织大家提供大头照片,精心制作了一张卡通团队合影,装裱成相框献给老师。至今,这张相片依然摆在老师的办公桌上,显得格外珍贵。老师对这份礼物的珍视,不仅体现了他对我们每一位学生的深厚情感,也反映了他对师生缘分的重视。相片中的每一张笑脸,仿佛都在诉说着那些共同奋斗的日子。这不仅是我们团队的一部分,更是我们与老师之间深厚情谊的象征。

鲍老师对我的知遇之恩和教导之情,是我人生中的幸运,值得我永远感恩与珍惜。在此,我要向鲍老师致以最诚挚的感谢,感谢他多年来的悉心教导,他以严谨的学术态度和开阔的学术思维,让我在科研的道路上勇于探索;感谢他常常在我迷失方向时,及时将我拉回正轨。他不仅教会了我如何做学术,更教会了我如何做人。每当我得意忘形时,他鞭策我不忘初心;每当我迷茫困惑时,他鼓励我坚持内心的信念。不论何时,我都会记得是他让我有机会不断成为更好的自己,他如父亲般的谆谆教诲让我铭记于心,难以忘怀。

在毕业之际,愿我的恩师健康平安,岁岁年年芬芳如花。鲍的教诲之恩,将伴随我一生,激励我不断前行。

作者简介

周余,2021级环境学院环境工程专业硕士研究生。

导师是束光,照亮我前行
——郑贵洲老师与学生的故事

导师简介

郑贵洲，男，中国地质大学（武汉）教授，硕士生导师，中国地质大学（武汉）教学名师。2005年到澳大利亚Curtin University of Technology做访问学者1年。2020—2022年连续3年校教学评价进入前10%。湖北省精品课程"地理信息系统"负责人、湖北省精品资源共享课程"地理信息系统"负责人、湖北省一流本科课程"地理信息系统原理"负责人、国家一流本科课程"地理信息系统原理"负责人、"地理信息类"课程卓越教学团队负责人。主持湖北省省级教学研究项目3项、校级教学研究项目10余项。主编出版教材4部，参编教材5部。作为第一负责人获湖北省高等学校教学成果奖二等奖2项、国家测绘地理信息教学成果奖二等奖1项、全国高等学校GIS教学成果奖二等奖1项及校级教学成果奖多项。主持国家"863计划"项目、海洋地质保障工程配套装备项目等子课题3项，参与国家重点基金项目1项、国家重点研发项目1项及国家自然科学基金面上项目2项，负责城市地质信息服务项目等20余项，获湖北省科学技术进步奖三等奖1项，公开发表论文80余篇。

郑贵洲老师

用"初心"吸引学生

我本科就读于中国地质大学(武汉)地理信息科学专业,郑老师是我们专业"信息导论""地理信息系统原理""地理信息系实习""3S综合实习"等课程的任课老师。郑老师长期坚守教学第一线,把全部心血投入到本科教学中,投入到课程建设中,投入到人才培养中。教学手段先进,教学风趣幽默,教学风格独特,教学成果丰硕,深受广大学生的喜爱。在本科学习期间我就深刻感受到了郑老师是一位平易近人、心胸宽广的学者。大三时我有机会进入学院"空间信息实验班",面对选择导师的关键时刻时,我心中期待着能够跟随郑老师学习,没想到当我把这一想法告诉郑老师时,郑老师却以谦逊之姿提及自己年岁已高,精力赶不上年轻老师,可能不能全身心地指导我,但我更看重的是郑老师的为人和人品。郑老师低调而诚恳的态度,坚守教学初心的情怀深深地吸引着我。我坚持选择郑老师作为我的硕士导师。

● 作者与郑老师在学院门前的合影

用"专心"引领学生

郑老师做科学研究特别专心,专心研究专业热点,专心研究学科前沿,专心探索未知领域,他会根据每个研究生的特点,科学引领我们选择研究方向。我在本科阶段对深度学习并没有太多的了解,而深度学习作为热门领域备受关注,读研阶段,郑老师为我提供了在这一领域中自由选择研究方向的机会,让我能够根据个人兴趣开始深度学习领域的学习与研究。这为我在科研道路上的探索提供了广阔的空间。为了提升我们的科研效率,郑老师会经常开组会,组会是我们实验室交流学术进展和互相学习的重要平台。每次组会,郑老师都会专心聆听我们的进展,总是以敏锐的洞察力和深厚的专业知识,对大家当前的研究给予充分肯定并给出相应的指导意见。郑老师专心培养团队合作精神,他时常鼓励我们相互学习,共同进步,传承团队传、帮、带的精神。在这样一个开放、自由的学术氛围里,我们敢于畅所欲言,彼此启发,共同探索学术的无限可能。

郑老师深谙科研与项目结合的重要性,时常强调我们不仅要在学术道路上勇攀高峰,还应在实际项目中得到锻炼,教导我们要在科研与项目之间找到平衡点。他认为只有将理论知识应用于实际项目中,才能真正体会到知识的力量。郑老师强调做项目要用心、专心、耐心,不拖泥带水,今天能完成的任务决不留到明天。鼓励我们通过参与项目,更好地将学术知识付诸实践,从而不仅能够在学术领域获得成就,还能在实际应用中展现自己的价值。这种全面发展的方式,既增强了我们在学术上的造诣,又让我们在实际项目中能够胜任更多的角色。

郑老师团队学生合影

用"精心"感染学生

郑老师做事很细心,每件事都安排得很细致,一入校就对我们3年研究生学习进行精心规划,要求我们必须发表高水平文章,参与各类科研项目,参与助教工作。在论文写作方面,郑老师给予我们细致入微的指导,强调要提升论文的质量,论文写作必须要有一个明确的规划,注重论文结构的合理性,使整体布局更加清晰严谨,要能以更直观的方式呈现科学研究成果。同时,他在论文的语言表达、逻辑结构等方面也提出了宝贵的建议。这些建议无疑对我的学术成长产生了深远的影响。我做事"细心精心"的态度深受郑老师"精心"情怀的感染。郑老师也十分重视实验室建设,在一台工作站不够用的情况下,又专门从科研项目中出资为我们购置了更高性能的工作站,以确保深度学习模型的顺畅运行。正是有了优质的硬件环境,我们的科研工作得以更高效地进行,从而迈向更高的台阶。为了提高我们的业务能力,郑老师精心为我们创造各种学习条件,购买了各类专业书籍和高分遥感影像数据。他个人办公室精心布置,合理规划,受其影响,我们团队也十分重视工作环境的整洁,偶尔我们还会种植一些花草,美化工作环境。

郑老师团队学生合影

用"关心"温暖学生

郑老师在平时生活中十分"关心"学生,胸中总是装着学生,心中总是想着学生。对于学生的得与失、冷与暖、喜与悲,郑老师不仅记在心上,而且会落实在行动上。当学生在学习上遇到困难时,郑老师总是不厌其烦地耐心指导。每当放假时,郑老师总是要专门开会强调回家注意路途安全;每当学生感冒生病时,老师总会嘘寒问暖,不时电话询问病情情况,并安排合理的休息时间。每当学生遇到困难时,老师总会伸出援助之手,为学生排忧解难;每当学生就业无着落时,老师会主动帮助学生联系和推荐就业单位;每年毕业季或节日,郑老师都会安排我们到老校区聚会,也会请在汉工作的部分毕业生回校叙旧。郑老师像一束光,永远温暖着学生,永远照亮着学生。

郑老师与学生促膝谈心

光阴似箭,3年的研究生学习生涯即将结束,在跟随郑贵洲老师学习的这段时间里,我深感收获颇丰,感慨良多。无论是在学术领域的探索中,还是在项目实践的磨砺中,郑老师都给予了我们无微不至的支持和引领。郑老师严谨的治学态度、深厚的学术造诣和独特的思考方式,为我树立了学术研究的典范,让我在科研道路上更加坚定自信。他不仅在学术上给予我们指导,更在生活和为人处世方面教会我们许多宝贵的道理。这种全方位的教育和关心,让我在成长的过程中感受到了无尽的温暖和力量。衷心感谢郑贵洲老师一直以来的关心和支持。他的言传身教将成为我学术生涯中最宝贵的财富,激励我在未来的学术道路上不断努力,追求更高的目标!

作者简介

张梅琳,女,测绘科学与技术专业硕士研究生,研究方向为高光谱遥感图像超分辨率重建。在 *IEEE International Geoscience and Remote Sensing Symposium* 上发表会议论文 1 篇,在 *GIScience & Remote Sensing*、*IEEE Transactions on Geoscience and Remote Sensing* 上发表期刊论文 2 篇。2023 年硕士研究生国家奖学金获得者,2022 年获校级"优秀研究生"称号,2023 年获院级"优秀共青团员"称号,获第三十三届中国地质大学(武汉)科技论文报告会三等奖,2024 年获校级"优秀共青团员"称号,获"优秀毕业生"荣誉称号,硕士学位论文被评为 2024 年度校级优秀硕士学位论文。

师恩化雨,润物无声
——於世为老师与学生的故事

导师简介

於世为，男，国家自然科学优秀青年基金获得者，湖北省自然科学杰出青年基金获得者、教育部新世纪优秀人才支持计划入选者、"地大学者"学科骨干人才。现任经济管理学院院长、教授、博导，《中国地质大学学报（社科版）》主编（兼任）。2003年毕业于中国地质大学（武汉）工商管理专业，2008年毕业于中国地质大学（武汉）资源管理工程专业（硕博联读），获工学博士，2013年北京理工大学能源与环境政策研究中心博士后出站，2014—2015年美国特拉华大学能源与环境政策研究中心访问学者。

於世为老师

从事能源（资源）-环境-经济系统建模与政策的研究工作。先后主持国家自然科学基金重大项目课题、国家社会科学基金重大项目、国家自然科学基金国际（地区）合作研究与交流项目、教育部人文社科基金项目、教育部博士点科研基金项目、博士后科学基金特别资助项目等20余项。已发表SCI/SSCI学术论文60余篇，多篇论文为ESI高被引论文和热点论文，他引3500多次（Web of Science）。先后获得湖北省自然科学优秀学术论文二等奖、国土资源科学技术奖二等奖、武汉市自然科学优秀学术论文、湖北省科学技术奖三等奖等。

夜里有春雨悄来,润物于无声,自此,江南岸绿,漫山花开。谨以此文献给我的导师——於世为教授。

——题记

人生何意百炼钢,师训即成绕指柔

正是人间十月天,天朗气清,惠风和畅,我在学校官网上浏览到了於老师的信息。於老师满满的学术成果让我佩服得五体投地。当时也是初生牛犊不怕虎,我毫不犹豫地向於老师提交了我的"干谒书",很快就得到了於老师的回复。因名额有限,他只招收愿意做学术且对学术有追求的博士。於老师的回复很是认真,但对于当时还是本科生的我来说,博士,现有学位体系里的最高学位,是"甘坐冷板凳,满腔学术热"的人才会选择攻读的。"我,要读博吗?"我一直在心里不断地问自己这个问题。是踏踏实实做科研,读完硕士继续读博深造呢,还是以就业为主,硕士毕业以后就求职工作呢?截然不同的发展方向不仅决定了我保研时的学校选择,也决定着研究生期间的主要发力点。这对大四的我来说无疑是个难题,于是我转向询问家人和本科老师的意见,很幸运的是,她们都站在她们的角度为我分析了每条路未来的发展前景以及我需要付出的努力,也表示会尊重且支持我的一切选择。最后,在推免系统填报的那一刻,在中国地质大学(武汉)和北京交通大学之间,我选择了中国地质大学(武汉)。也是在那一刻,我做好了进入於老师团队在研究生阶段跟着於老师安心做科研的心理建设。

大海无涯堪百水,山到高处自为峰

研究生入学以后,我便正式开始了我的读研生活,事情的开始并不总是一帆风顺的,刚入学的我面对陌生的学习生活环境,不知道自己该做些什么,如何开展科学研究,如同丈二和尚,摸不着头脑。于是我拿着刚刚发下来的笔记本去询问师兄师姐们"团队主要做的研究是什么,我又能做些什么?",面对"学术菜鸡"的我,师兄师姐们耐心细致地告诉我团队现阶段的研究内容,该读哪些文献以及如何去读文献，很感谢当时为我提供帮助的小段师兄和双双师姐，谢谢你们向当时一头雾水的我伸出援助之手并和我分享自己的学习经验。

如果说师兄师姐们是具体看文献的指导者的话，那么於老师就是总揽大局的"掌舵者"，作为一个长年奋斗于学术一线的"能源尖兵"，他会基于自己对现有研究前沿的了解和经验为我们指明方向，告诉我们做什么大有可为，做什么是浪费时间，让我们在科研路上不至于"偏航"，不至于在错误的方向上越走越远，这无疑为我们节省了很多不必要的试错与盲目探索时间，大大提升了我们的科研效率。但於老师也总说，光靠他是远远不够的，我们需要不断学习，去读文献，去学习了解现有研究的前沿工作是什么样的，他山之石可以攻玉，要善于去学习别人的研究思路与创新方法，避免闭门造车，不知外面的天地为何物。于是於老师让我们每周都分享阅读文献，与团队其他成员相互沟通交流，在这个过程中相互学习。一直以来，於老师都希望我们在正确的道路上尽可能拓宽自己的知识面，不断提高自己学习的广度。

高山仰止知学浅，景行行止效君行

於老师每周按时给我们开组会，无论刮风下雨还是烈日暴晒，无论线上还是线下，这与他常教导我们要"多线程并行"的理念相契合，即合理安排学习生活工作的各个部分，锻炼我们大脑cpu同时处理多个任务进程的能力，在有限的时间里做尽可能多的事情。知易行难，在我被实验结果优化、ppt制作以及支部材料撰写等一系列任务"轰炸"时，我开始不禁感叹於老

作者（右一）与於世为老师的合照

师强大的多线程并行的能力和优秀的处理问题的能力。在这方面修行尚浅的我，还需多向老师学习。

高山仰止，景行行止。於老师除了在科研上指导我们研究方向、方法以及具体细节，在生活上，於老师不会对我们有什么干涉。很多时候，於老师对我们的指导是以身作则，用自己的实际行动去践行自己对于学术的信仰与热爱。於老师常说组会是学习的好机会，鼓励我们大家多听多学，不要每次听得最认真的就是他。"晨兴理荒秽，带月荷锄归"充分利用时间进行科研学习，知行合一做到"沉浸式科研"，不要十一点半就去干饭，午睡到下午四点还不见人；保持办公环境的干净整洁，把工作当成一种享受，勤洒扫庭除，不要工位乱得跟个"猪窝"一样。於老师先是这么做的，然后再是这么教我们的，他对我们的高要求来自对自己的高要求，严以律己，而后律人。他站在那儿，什么也不说，就为我们提供了学习的典范。

师泽如山微致远，敢效大木柱长天

师门现有博士、硕士研究生共 20 余人，主要研究方向为能源（资源）环境、经济系统建模与政策。在於老师的指导带领下，团队成员对待科研，态度认真严谨，一心向学，多人曾获国家奖学金，相关研究成果多次发表在 *Energy*、*Energy Policy*、*Energy Economics* 等经济管理领域顶级期刊上。科研学习之余，团队成员积极开展体育锻炼，组织师门羽毛球、乒乓球等活动，积极参加各类体育竞赛，德智体美劳全面发展，团队氛围十分融洽。

现阶段的我们宛若待打磨的璞玉，需要时间去历练和成长，感谢於老师为我们提供了能源环境管理与决策科研团队这样一个平台，让我们能在团队中和师兄师姐们去学习，去交流，去完善自己。得师如此，我是幸福的，也是充满动力的，我将带着於老师的指导与支持一起走好现在以及未来的每一步，兴致盎然地与世界交手，一直走在开满鲜花的路上！

作者简介

方旭，管理科学与工程专业 2021 级硕士研究生，获评中国地质大学校级优秀毕业生。毕业论文被评为校级优秀硕士学位论文，现为湖南省 2024 届选调生。

26

山高水长有时尽,唯我师恩日月长!
——张孝进老师与学生的故事

导师简介

张孝进，男，材料与化学学院教授，博士生导师。主要从事生命分析化学、生物材料、水凝胶、生物传感器等方面的研究工作。主持国家自然科学基金、科技创新特区项目、湖北省自然科学基金等。在 Nature Communications、Progress in Polymer Science 等期刊上以第

张孝进老师

一/通讯作者身份发表 SCI 论文 70 余篇，SCI 他引 2000 余次；出版英文专著 1 本（Springer 出版社）；被授权美国发明专利 1 项、中国发明专利 3 项。入选 2017 年度湖北省"青年拔尖人才培养计划"，荣获 2023 年"优秀硕士学位论文指导教师"称号、2022 年度"地大学者"学科骨干人才。近 5 年指导的研究生中 3 人获硕士研究生国家奖学金；1 人获高山优秀研究生奖学金；2 人获批忠荣科技创新基金项目；1 人获校级"优秀共青团员"称号；2 人获 2023 届"优秀硕士研究生毕业生"称号；2 人的硕士学位论文被评为 2023 年中国地质大学（武汉）优秀硕士学位论文。

所谓的高效率，是对工作的热爱

时光荏苒，毕业的脚步已悄然降临。2020 年 9 月我有幸拜入张老师门下，开启了在中国地质大学（武汉）的求学之路。回顾与张老师相处的 4 年，我用 3 个

词语来总结：感谢、幸运、成长。

师者，传道授业解惑也。张老师知识渊博、思维活跃，对课题见解独到，能够快速发现课题存在的问题或发现关键科学问题，但张老师总是看破不说破，让我们自己竭尽脑汁地去思考，去尝试，去改正。看似不近人情，却又合情合理。成长总是要经历蜕变的过程，总有一天要学会独立思考、独立生存、独立解决问题。

对于我们的学术论文，张老师总是给予极大的包容和耐心的修改，并且常在最短的时间内将修改稿整理出来。我们常惊讶于张老师极高的工作效率，张老师却说，一天能够完成的工作，如果一天做不完，那么一个星期也完成不了。后来才明白，所谓的效率高，其实是对工作的热爱、全力以赴和尽心尽责。

在我博士研究生阶段能遇见这么一位值得我一生敬重的好导师，是我莫大的荣幸。

——张凯

作者张凯与张孝进老师的合影

看问题要看得更远、更深

硕士研究生毕业之后，我了解到张孝进老师，并申请跟随张老师读博士研究生。张老师的积极回复和鼓励让我信心倍增,并满怀希望。

入学之初,张老师指导我如何阅读论文并时常告诫我看问题要看得更远、更深。每当遇到不懂的问题,张老师总是在第一时间回复并认真地与我讨论,引导我进行更深的思考。还记得在撰写第一篇综述文章时,我的论文撰写能力有所欠缺。在此过程中,我遇到了各种各样的问题。每当写完后发给张老师,他总是能够及时地指出我的问题,这个过程是痛苦的,却也让我得到了真正的成长。论文的成功发表也增加了我的信心。在实验开展过程中,张老师总是让我要先想清楚课题的意义和过程,更好地把握创新点和难点。

在张老师的指导下,我们彼此探讨并分享经验,不断突破自己,追求创新。张老师教会了我如何合理规划时间,调整心态并发挥个人优势。张老师时常鼓励我们:"面对挑战,勇往直前;遇到困难,勇于创新。"未来,我们将继续传承张老师的学术精神,共同攀登科研高峰,在张老师的引领下创造更多的学术成果,共同书写美好的明天。

——莘佳富

◐ 作者莘佳富与张孝进老师的合影

在自由的学术平台发现自我、超越自我

张老师总是能够在生活中为我们给予最大的帮助。2017年,本科毕业后的我选择进入张老师课题组进一步学习。了解到我的本科学校也在武汉,张老师便主动打电话帮我解决行李的存放和搬运问题,并为我提供各种帮助。

张老师在课题组里就是一个标杆,引领着我们每个人不断前行。张老师会为我们每个人确定课题方向,并在每一次组会中与我们认真讨论课题和实验上所存在的问题,把握住课题的大方向。在组会中,张老师在讨论的同时,注重思路的引导,时不时地提出新问题引发我更深层的思考,让我逐步感受到科研的魅力。

在多元的科研中,张老师会因材施教,扬长避短,让我们每个学生都在自由的学术平台发现自我、超越自我。并且,会及时评判我们的优点与不足,对于优点,不失时机地加以赞扬和鼓励;对待不足,及时指出并加以指导,修正方向,引领我们走向正确的科研之路。我会以张老师为标杆,不断成长、不断学习。

——侯琴

作者侯琴与张孝进老师的合影

培养学生科研独立性

每个师门都有自身独特的风格,在我们课题组里,教导准则便是培养学生科研独立性。"授人以鱼不如授人以渔",张老师不是采用手把手教导的方式,而是以引导式的方式,让我们自主思考,掌握学习和科研的方法。通过一个课题的确定和完成过程的锻炼,每个学生都能在张老师的教导下成为一名比较合格的科研工作者。

在平时的学习和生活中,张老师常常结合自身的学习和工作经历以及对行业的了解,与我们沟通交流。在如今处处存在激烈竞争的社会中,想要站稳脚跟,除了有过硬的专业知识之外,还得具备学习和工作的能力以及尽职尽责的态度。保持时刻学习,不怕吃苦,勤奋进取的态度,才能在人才济济的现代社会中,占得一席之地,不至流于平庸。

第二届"卓越青年研究生导师"颁奖现场

师者匠心,止于至善;师者如光,微以致远。研究生时期的历程,因有张老师的耐心指导而变得更有成就感和意义。一路虽磕磕绊绊但也收获颇多,也让我们成为了更好的自己。

张老师与学生合影

作者简介

张凯,材料与化学学院2020级博士研究生,山东菏泽人,主要研究方向为多孔及高溶胀聚合物,以第一作者身份发表SCI论文4篇,曾获得2021年研究生国家奖学金。

莘佳富,材料与化学学院2021级博士研究生,河北张家口人,主要研究方向为离子热电水凝胶的制备及在低品位热中的应用研究,以第一作者身份发表SCI论文2篇。

侯琴,材料与化学学院2023级博士研究生,湖北恩施人,主要研究方向为离子选择性膜及渗透能发电的应用研究,以第一作者身份发表SCI论文2篇。

行远自迩系教育，春风化雨育人才
——朱冬元老师与学生的故事

导师简介

朱冬元,男,教授,经济学系副主任,资产评估专业硕士导师组负责人,湖北省PPP专家库专家,湖北省财政厅财政支出绩效评价专家库专家。1985年毕业于中南财经大学工业经济专业,1985—1998年,在中国地质大学经济管理系、人文与管理学院任教。1998—2004年在长城证券股份有限公司从事投资银行和金融研究工作,2004年至今在中国地质大学经济管理学院经济系任教。近年来主要研究方向集中在资产评估及相关领域,公开发表有关资产评估、产业经济方向的论文30余篇,主持或参与纵向、横向课题20余项。

朱冬元老师

始于初见,如沐春风

第一次了解到朱老师是在中国地质大学(武汉)的网站上,那时候,只觉得这是一位学术精湛的老师,担任着多门课程的教学,参与过多项国家级的课题研究,学术成果在很多核心期刊上都有发表。而后,初次见到朱老师是在大三暑假线上参加校园开放日时。当时,朱老师向我们热情地介绍资产评估专业并悉心回答我的提问。对朱老师的初印象是蔼然可亲,平易近人。朱老师的笑容如春风般温暖。那时报考中国地质大学(武汉)成为朱老师学生的种子在我们心中萌发。经历了保研和考研的激烈角逐,在金秋十月,我们如愿成为了朱冬元老师的学生。

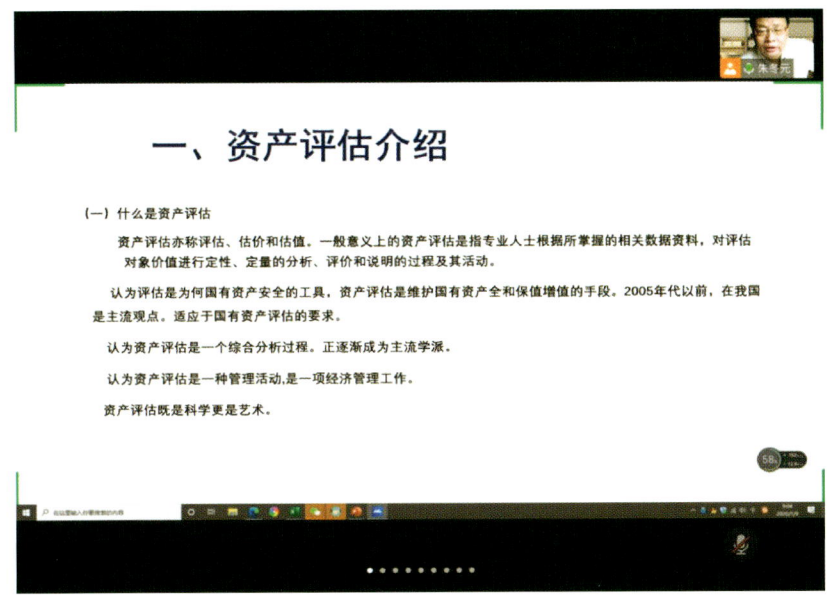

校园开放日上朱老师发言

严师益友,良言暖冬

为师,他亦师亦父,春风化雨。他是平和的,没有动辄训人的说教,有的是真挚诚恳的情感与平易近人的亲切。刚开学时,为了欢迎我们加入师门,朱老师将我们新生和师兄师姐们聚在一起,大家一起吃了个饭,彼此熟悉认识一下。一进门,朱老师说出我们每位新生的名字和本科毕业的学校时,我们很是惊讶,原来朱老师已经记住了我们。朱老师吃饭时一直鼓励我们学习"硬知识"。朱老师说他希望我们可以在研究生毕业后能取得比本科毕业更好的生活,在研究生学习生活中有任何需要帮助的地方都可以找他,无论想要实习还是科研,他都会尽自己最大的努力帮助我们。虽然只是简简单单的几句话,但却让我们感受到朱老师的真诚和真心。朱老师用心引领学生的成长,尊重学生的想法,做到学生心目中真正的良师亦父。

为师,亦师亦友、传道授业解惑。关心爱护全体学生,待学生如友一直以来是朱老师的教育理念。著名教授冯长根老师曾说:"与导师交往的第一条规则是保持联系"。因此,隔一段时间我们便会主动与导师进行交流,提出自己当前研究和学习中的想法和困惑。不管是在听取我们对于学习、科研的困惑中,还是在指导论文写作时,他总会耐心地聆听学生的想法后才提出他的思考和建议,针对其中的优点加以表扬和肯定,也会对不足之处加以指导。言语中透着真诚、关切和勉励,每每与朱老师的交流总能有所受益,如沐春风、豁然开朗,感到前途一片光明。师者传道授业,朱老师诚如一位满腹经纶的智者在阐释博大精深的理论,他总是能把看起来深奥的理论机理,用聊天的方式,形象化的深入浅出地讲给研究生们听。还记得我们要进行小论文投稿的时候,朱老师亲自帮我们检查论文,针对论文中的遣词造句、公式、格式、标点符号以及参考文献的引用书写是否正确等细节逐一检查。这种勤勉、认真的学术态度令我们为之钦佩,值得我们一生去学习和践行。

朱老师耐心为同学们解答问题

勤耕不辍,精业笃行

为学,朱老师严谨、勤奋、认真,忠诚于人民教育事业,志存高远,勤恳敬业,地大资产评估专业硕士培养是朱老师一手建立起来的,朱老师本身是工业经济专业出身,为了建设好资产评估专业硕士培养点,他组织老师们专门学习资产评估的知识,并且不断拓展校内校外资源。同时,朱老师对科研的热情十年如一日,始终保持严谨治学、大胆设想、小心求证、一丝不苟的探索精神,也总是给身边的人带来积极进取的科研激情。朱老师总时常提醒我们学术路上碰到难题是家常便饭,搞学术不能说我觉得差不多,而要认真地把握每个细节,精耕细作才能一步一步走向成功。在平时的教学上,朱老师兢兢业业,尽心尽力,每次上课前都精心备课,提前准备好课件和教学案例,保证课程质量的同时增加学科前沿知识,朱老师研一上学期给我们讲授了两门专业课,每节课都提前到教室,授课过程不拘于传统的评估理论知识,还带领我们探讨最新的资产评估方法,鼓励我们课后多学习新领域的知识,让我们既能掌握专业基础知识,也能拓展延伸,开拓思维。同时,朱老师在课后也经常和同学们分享最新资产评估热点和相关学习资料。他还经常邀请资产评估相关领域的专家给我们开展专题讲座,激发学生兴趣,引发我们的思考,这对我们是不可多得的学习机会。

朱老师讲授专业课

朱老师邀请专家做讲座

身为世范,为人师表

为人,严于律己,以身作则,言行一致,坚守高尚的情操。朱老师的一言一行,无时无刻不影响着学生,感染着我们。研一下学期,武汉突发疫情,学校立即开展全员核酸检测,朱老师主动报名做疫情防控志愿者,用自己的实际行动践行了一名党员与教师的责任,筑牢疫情"防火墙",为同学们树立榜样,发扬了无私奉献的精神。同时,朱老师也一直跟我们强调,不能一味地只知道读书,要劳逸结合,提高身体素质,多加运动。朱老师以身作则,为响应经济管理学院"经鹰"风貌,他主动加入到学校排球赛中,在该赛季中,经管排球战队团结同心,共同面对压力和挑战,遇到困难和挫折,不言放弃,越战越勇,打出了他们最高水平,体现出经济管理学院良好的精神风貌,也是我们院"宽信敏公,经国济民"院训精神和奋发进取"经鹰"形象的赛场阐释。朱老师用自己的实际行动给我们树立了榜样,朱老师的言谈身教,如同涓涓细流,融入我们的心田,他真正做到了言传身教、春风化雨,践行初心使命,诠释师者本色。

教学相长,终身学习

为师,崇尚科学精神,热爱党和国家,树立终身学习理念。朱老师不断跟我们强调要学史明理、学史增信、学史崇德、学史力行,激励我们要以如磐初心激发奋进壮志,用昂扬姿态为新时代党的历史使命而努力奋斗。朱老师认为,读书是贯穿生命的渴望,即使到了该退休的年纪,朱老师仍然拓展知识视野,更新自己的知识结构,不断提高专业素质和教育教学水平。"活到老,学到老",无论工作多么繁忙,朱老师都坚持每天读书,并且每天早起浏览东方财富网和新浪财经网查看最新财经资讯,并会把自己学习到的知识分享到我们的师门微信群里,鼓励大家一起学习。

朱老师就是这样的一位人师,他不仅在科研学术上给予我们悉心的指导,而且还对我们今后的事业发展和人生规划都产生了积极有效的影响。我们敬爱的朱老师以自己的言行和独特的人格魅力带领着他的学生们不断地向前发展。作为他的学生,我们更应该以朱老师为楷模砥砺前行,自强不息。人与人之间的美好缘分,往往被冥冥注定的纽带来连接和维系,这纽带忽如一夜春风,看似不经意却意味绵长,感恩遇到朱老师!

作者简介

刘佳,女,中共党员,江苏宝应人,经济管理学院资产评估专业2021级硕士研究生。

谢诗卉,女,中共党员,湖南耒阳人,经济管理学院资产评估专业2021级硕士研究生。

第二篇　导学团队

在地大,有这样一批团队——

他们脚踏实地,追求卓越,不断攀登着一座又一座科学高峰;

他们尚美求真、青蓝相继,共同铸就了和谐融洽的温暖团体;

他们因材施教,人才辈出,将每个学生精心雕琢成芝兰玉树。

他们就是中国地质大学导学团队。

导师和研究生是研究生教育中联系最为密切的两个主体,能够相互影响、相互促进,决定着研究生培养的质量。因此,学校把创建卓越导学团队作为落实立德树人根本任务、提升研究生培养质量的重要课题,不断夯实工作基础。

一个个优秀的导学团队组成了校园里一道道亮丽的榜样风景线。

这些有实力、有温度的导学团队,经过创建,育人特色更加鲜明,育人意识更加强化。我们也期待,越来越多的导学团队加入创建活动,在团队育人上迸发出更大能量,在高层次人才培养上开出绚丽之花,在高水平学术研究中结出累累硕果。

环境水文地质导学团队:
以"水"铸魂,师生齐心让老百姓"喝好水"

（通讯员 庞伟红）全球广泛分布的天然高砷、高氟等原生劣质地下水，直接威胁超过 4.5 亿人的饮水安全和健康。其中，中国高氟暴露人口约 8000 万；高砷暴露人口约 2000 万。

环境水文地质导学团队合影

以王焰新院士为学术带头人、邓娅敏教授领衔的环境水文地质导学团队，立足学科发展前沿，聚焦行业需求，围绕"劣质地下水成因理论与修复技术"这一研究主题，在我国海河-黄河流域和长江中游建立了多处野外科研基地，以地下水中地质成因的砷、氟、碘、铵及磷为研究对象，开展以水文地质为核心，环境地质、地球化学、生态水文和地质微生物多学科交叉的科学研究与人才培养。

环境水文地质导学团队秉承"三融合"培养方针，将野外科研活动作为导学思政的最佳课堂，以水之精神构建团队文化，培养具有强烈爱国情怀、社会责任感、创新精神和实践能力的高水平人才，取得了良好育人效果。2023 年 10 月，环境水文地质导学团队获评中国地质大学（武汉）首届"研究生卓越导学团队"。

聚焦研究前沿,让"看不见"的地下水"看得见"

环境水文地质导学团队主要成员还包括谢先军教授、杜尧特任研究员和李俊霞副教授,指导在读博士研究生12名,在读硕士研究生44名。

导学团队在第49届国际水文地质大会上

导学团队依托国家重点研发计划重点专项、国家自然科学基金创新群体项目、重点国际合作项目、联合基金重点项目、湖北省重点研发计划、中国地质调查局二级项目等国家、省部级科研项目,充分发挥地下水质与健康教育部重点实验室、国家环境保护水污染溯源与管控重点实验室、长江流域环境水科学湖北省重点实验室与"111计划"学科创新引智基地平台优势,为研究生提供科研创新的良好环境,为研究生能力提升和国际化培养提供了良好的平台支撑。

团队聚焦地下水水质研究前沿,创新发展水文地质学理论与方法,提出劣质地下水成因新理论体系,选取长江、黄河和海河流域开展劣质地下水成因的长期系统研究,揭示有害物质在地下水系统中的赋存规律、释放机理和活化机制;提出利用矿物材料和"逆向调控有害物质迁移过程"的劣质地下水质改良新方法,

◎ 2019年导学团队成员参加加拿大博士生暑期交流

◎ 2019年暑期导学团队成员在加拿大滑铁卢大学交流学习

并通过室内外实验和模拟验证其可行性,得到国内外同行认可与应用。

基于地下水系统分析、水化学-同位素组成信息提取和溶质运移模拟,团队

2011年导学团队成员江汉平原沙湖高砷地下水监测场建设钻探现场

建立了地下水示踪新方法和适合我国水文地质条件的地下水污染脆弱性评价新模型,定量预测地下水中关键物质释放对人类和生态系统的健康风险,发展绿色、低碳、经济的原位水质改良技术,使"看不见"的地下水质健康影响"看得见",对有效应对与全球地下水质相关的水安全与健康风险重大挑战具有重要意义。

近15年来,团队SCI发文量和被引频次位居全球劣质地下水主要研究团队前列,提升了我国在该领域的国际学术地位。

秉承"三融合"育人方针,促进学生全面发展

在人才培养理念上,导学团队始终秉承"三融合"的方针原则,即学习与科研实践相融合,跨学科专业交叉相融合,创新创业教育与专业教育相融合,促进学生全面发展。

跨学科研究生培养既是当代研究生教育改革的大势所趋,也是深化我国研究生教育综合改革、全面提升研究生培养质量的重要突破口。环境水文地质导

学团队通过选修跨学科课程、组建跨学科研究团队、参与跨学科研讨会和寻找交叉学科合作导师等多种途径,实现团队内硕士、博士研究生的跨学科专业交叉培养。团队成员来自不同学院,吸纳了不同专业背景的学生,奠定了跨学科交叉培养的良好基础。"这样培养出来的学生具有实践创新能力和解决复杂问题的综合能力,可运用多学科知识更好地应对现实世界中的复杂问题。"邓娅敏教授表示。

团队构筑创新创业教育与专业教育融合培养,推进"校内导师＋企业导师"建设,指导开展科学研究及工程实践,不断提升"专业知识＋创新创业思维"以及解决复杂性问题的深度学习能力。

环境学院 2019 级博士研究生严璐说:"团队老师鼓励我们组建团队,开展课题研究、项目申报和各种赛事竞赛等活动,让专业知识更加直接高效地融入社会生产实践,转化为经济社会发展动力。"团队学生积极参加"互联网＋"等大学生创新创业大赛,由研究生组建的"脉恩环境"团队、"炭合"团队、"水缘"团队从各项水问题出发,已先后于 2021 年、2022 年和 2023 年获得湖北省"互联网＋"大学生创新创业大赛金奖。

● 组会交流现场

导学团队形成了周报撰写、定期组会、技能培训、户外团建、年会展示等长效培养举措,不断加强师生沟通交流,定点解决学生问题,切实强化学生技能,挖掘学生潜质,提升研究生综合素养和核心竞争力。团队还定期组织师生共同开展体育锻炼,通过体育运动来释放学生压力,提高学生身体素质,促进团队团结和谐,实现学生身心健康发展。

以"水"铸魂,将思政课堂开设在祖国大地

环境水文地质导学团队以"水之精神"构建团队文化,倡导研究生具备水一样适应环境的能力,拥有博大的胸怀和丰富的内涵,秉持坚强的意志和持久的毅力,为人光明磊落,如水般清澈透明。

野外科研活动是环境水文地质学团队的重要环节,团队始终把立德树人作为教育的根本任务,将野外科研活动作为最佳导学思政课堂。

团队师生在海南红树林湿地进行水质监测

导学团队积极服务长江大保护、黄河流域生态保护和高质量发展、健康中国等国家战略需要,围绕干旱—半干旱内陆盆地、寒区关键带、华北平原农灌区、长江中游河湖平原及海陆交互带等重点研究区域,开展因地制宜的野外指导,并与

当地的地质、文化背景相结合。身体力行,培养和强化学生的时代责任感、地质工匠精神、生态文明理念、道路制度自信和爱国主义精神。老师和学生携手奋进,用双脚丈量每一寸祖国大地。

石首天鹅洲位于长江中下游荆江河段,是长江故道群湿地中保存最完好的湿地,建有两个国家级自然保护区:石首麋鹿国家级自然保护区和长江天鹅洲白鱀豚国家级自然保护区。该区地下水与地表水相互作用强烈。在野外,王焰新院士和学生"零距离"讨论如何开展科学观测,如何针对性开展科研工作、改善水质及保护珍稀物种多样性,贯彻落实习近平生态文明思想,带领学生一起做"绿水青山就是金山银山"理念的积极传播者和践行者。王焰新院士常说:"深藏在地下的水,有着'利万物而不争'的淡泊致远。这就是我们科研人员该有的境界与精神,国之所需,民之所盼,心之所向,吾之所为。"

在野外科研活动中,很多学生不适应高强度的艰苦工作,谢先军教授告诉学生,"水是生命之源,地下水水质安全关系老百姓的健康生活。水文地质调查研究能够查明污染物的分布和迁移规律,针对性地提出水质改良的方案,能给当地政府提出后备水源地的规划建议。我们要踏实认真完成的工作是一件造福百姓的实事,大家要有责任感和热情。"

研究生张余茜说:"每每有学习、生活上的不如意,导师邓娅敏就像知心大姐一样,及时交流,宽慰我们,她还经常在微信朋友圈里分享励志故事,在我们困惑迷茫的时候给予积极的鼓励,为我们拨开迷雾,指明方向。"毕业生李琦回忆,毕业找工作那段时间时常碰壁,非常焦虑,邓娅敏老师与他畅谈"上善若水"的人生境界,她说,要学习"水"的精神,执着、勇敢、拼搏、自信,志存高远、脚踏实地,心中永远有梦想,并为之奋斗。邓娅敏老师说自己也有失败受挫的时候,但总能想起那句"凡是不能杀死你的,最终都会让你更强大",再次重新振奋起来。

山有百藏而不言,水润万物而不语。团队以水铸魂,并将其作为团队特色育人理念贯穿培养始终,不断强化水文化的育人作用,让学生在潜移默化中学习水之精神,体味其精髓,多措并举,实现学生优质培养,锻造新时代生态环保铁军。

2012年冬师生在钻探现场

团队氛围融洽 人才培养结下累累硕果

导学团队育人成效显著，近 5 年培养的研究生中，18 人获国家奖学金，3 人获社会类奖学金，3 人获校级优秀博士学位论文，8 人获校级优秀硕士学位论文，6 人获校级研究生科技论文报告会一等奖，29 人获校级优秀研究生奖励。2015 年至今，先后有 10 名博士生分别赴美国斯坦福大学、丹麦地质局、美国加州大学伯克利分校等国际知名科研机构联合培养，与国外知名科学家合作发表了多篇高水平研究论文。

在追求学术卓越的同时，导学团队导师们也经常鼓励学生文体全面发展，保持身体健康与心情愉悦。团队不仅涌现出了曹海龙、严璐、薛江凯等"科研新秀"，也培育出了郭源、罗佳蓓、张馨心等"文体之星"。近 5 年，团队研究生在 Earth-Science Reviews、Environmental Science & Technology、Water Research 等期刊发表论文 15 篇，2020 级博士研究生曹海龙将机器学习建模方法应用于劣质地下水健康风险预测研究，以第一作者身份发表 5 篇一区 SCI 论文，成为学生中专注科学研究的佼佼者。2020 级硕士研究生郭源曾获 2022 年湖北省第十三届大学生运动会羽毛球比赛团体季军；2020 级硕士研究生张馨心曾获 2021 年度

郭源获 2022 年"湖北省第十三届大运会羽毛球比赛"团体季军

中国地质大学(武汉)"研究生十佳歌手"称号,以及 2020—2021 年"地大杯"女子足球赛季军。

已毕业的研究生均在各行各业发光发热,矢志不渝地践行着"艰苦朴素,求真务实"的校训精神。他们中有在水工环行业崭露头角的业务骨干,有服务基层的青年党员干部,有留任高校的青年才俊。2013 级毕业生丁旭峰获评 2022 年"湖北省地质局杰出青年";2015 级毕业生李红梅获评湖北地质局"最美地质巾帼奋斗者""荆州市十大杰出青年";2014 级硕士毕业生杨智投身基层,成为江夏区一名基层党员干部。团队中更有 3 名博士毕业生投身于教育行业,成为青年科研教师,他们在工作中积极传承团队的育人理念,培育更多青年人才。

学生的成长与导学团队为他们创造的团结协作、温暖融洽的氛围息息相关。连续两年获得国家奖学金的环境学院 2023 级博士研究生薛江凯表示:"在开始摸索科研方向的过程中,团队中杜尧和李俊霞老师对我们倾囊相助,耐心地解决我们提出的问题,带领我突破未知技术;皮坤福师兄不辞辛苦,花费大量时间为我梳理写作思路并讲解科技论文写作中易被忽视的细节;第一次投稿 SCI 论文时离不开杨逸君师姐画龙点睛式的润色……"

🌿 2021年博士生团队汇报

在环境水文地质导学团队中,团队导师施教垂范,学生们互相协作,师生们共同拼搏,将满腔热情投入到水文地质环境地质调查与研究中,为地下水资源的可持续安全供给不断奋斗,为筑牢中华民族伟大复兴绿色根基、实现中华民族永续发展贡献智慧和力量。

陆海空间探测与评估导学团队：
上天入地下海登极，
在强国建设征程中"勇攀高峰"

（通讯员 庞伟红）有这样一支导学团队，他们面向"上天、入地、下海、登极"研究方向，开展卫星大地测量、海洋探测与信息技术等相关研究。他们勇闯科研无人区，以南北极、青藏高原、南沙群岛、长江流域为主要研究区域，致力于极地海冰变化、海平面变化、陆地水储量探测、海岸带和海岛礁监测研究，开展多学科交叉的科学研究与人才培养。

这支导学团队就是由海洋学院陈刚教授领衔的陆海空间探测与评估导学团队，他们坚定"科学要为祖国和人民服务"的理想信念，秉承"地质教育报国"的初心，遵循"导师领航、组织护航、专业启航"建设理念，创建了一套极具自身特色的团队工作模式，形成了"勇攀高峰、敢探深海"的"山海求知"团队文化，在实践中引导学生学习榜样精神，凝聚榜样力量，领会"山高人为峰"的优良品质，师生共同成长。

团队合照

2023年10月，该团队获评中国地质大学（武汉）首届研究生卓越导学团队。

登峰造极，服务国家重大战略需求

陆海空间探测与评估导学团队导师6人，学生31人，包括陈刚、郑彦鹏、超能芳、于男、徐景田、蒙冕模等老师。

导学团队成员在南极点科考

"攀珠峰、征北极、闯南极、探南海。"导学团队一直冲在科学研究的最前沿，团队成员参与过2008年汶川地震救灾、2020年珠峰高程测量等多项国家重大应急科研任务，为开展科学研究积累了大量一手宝贵资料。

近年来，团队结合实践和科研创新，在卫星大地测量、海洋探测和地质灾害预警等重大科研领域承担科研项目10余项，主持了多项省部级科研项目，完成了国家自然科学基金面上项目4项，现主持国家自然基金项目3项，在国内外期刊上发表论文60余篇，荣获中国测绘学会、中国航海学会和中国卫星导航定位协会等7项省级奖励。

2023年卫星导航定位科技进步奖一等奖

在重大灾害防控理论与关键技术研究方面,导学团队针对地灾隐患点识别难题,基于北斗定位系统、激光雷达和InSAR等技术,运用空天地立体监测,实现了北斗与遥感有机协同;开发陆海地灾防控装备,参建湖北巴东地质灾害国家野外科学观测研究站,形成地大特色的陆海地灾防控理论和技术体系;组建跨学科交叉团队,钻研海洋测绘水陆一体化关键技术难题,服务海岛礁工程建设和海底实时监测预警等领域示范应用。

团队还研制了基于高精度北斗定位服务的洪灾风险实时动态预测预警平台,攻克了基于物联网的北斗实时低成本洪灾监测终端集成技术。相关成果应用到长江流域多个重点洪水风险图编制项目、全国山洪灾害防治项目,为湖北省和甘肃省水旱灾害防御工作提供了重要技术支撑,取得了显著的社会经济效益。

为贯彻落实习近平生态文明思想,深入打好长江保护修复攻坚战,团队结合实测数据,融合多源卫星观测数据,发展新方法,提高卫星重力和卫星测高时空分辨率及其确定小尺度流域水储量变化的精度,构建了长江流域高时空分辨率的地表水和地下水模型。

躬身示范 "攀登"精神照亮青春之路

导学团队主导师陈刚是"荆楚好老师",在学生们心中,陈刚老师是一个很有"故事"、极具传奇色彩的一个人,他心中始终有一个信念:坚守教育报国初心,实现地质科学梦想,他一直是学生心中的精神榜样。

1991年,陈刚老师大学毕业前夕,武汉测绘科技大学邀请自然资源部第一大地测量队老队员做了一场报告会,多次提到了1975年的珠穆朗玛峰(以下简称珠峰)测高。陈刚老师听后热血沸腾,直接给西藏测绘部门写信要求进藏工作,但未能如愿。之后陈刚老师从事大地测量、海洋测绘教研工作20余年,20多次进出青藏高原。作为科研人员,他曾登顶过3个大洲的最高峰并徒步到达南极点和北极点。自2012年起,他4次攀登珠峰,开展科考工作,其中2020年作为冲顶队测量技术负责人全程参与中国尼泊尔珠峰高程测量这一国家任务,圆了他的珠峰测高梦。

陈刚父子登顶珠峰科考

陈刚曾经3次攀登珠峰,因为天气原因均与顶峰失之交臂,但他并没有因此放弃。在第一次攀登珠峰的10年之后,他和儿子陈李昊一起向珠峰发起冲击,最终克服困难,于2022年4月30日上午10时30分左右,成功登上海拔8 848.86m的珠峰,父子携手站上地球之巅,为中国地质大学(武汉)70周年校庆献礼。在珠峰北坡,父子俩和科考队员们携带着北斗导航定位设备,进行了高精度实时动态测量技术快速定位测试,以及冰雪覆盖深度探测试验,这是我国首次在珠峰地区利用全球导航定位系统反射信号技术,开展积雪特性研究。

陈刚老师的课堂也让学生们印象深刻。攀珠峰、征南极、访西沙,陈刚老师丰富的人生阅历让他的课堂独具魅力。他将理论与实践完美结合,用他的亲身经历向学生诠释着什么是科学研究,什么叫"到祖国最需要的地方去",陈刚老师口中绝美的祖国蓝色领土,成为学生最向往、最值得为之献身的远方。

在海洋灾害探测与评估导学团队中,以陈刚老师为代表的导师们在身体力行中践行着地大"攀登精神",他们不畏艰难、坚持不懈的精神深刻影响着团队学生,不断引导他们坚定信念、胸怀祖国,勇攀自然界的高峰、科学的高峰,在言传身教中指引着导学团队砥砺前行、奋勇拼搏。

"陈刚教授一直鼓励团队学生树立人生远大理想、立志科技报国,将个人前途与国家需求紧密结合起来,这也是我从测绘到登山,勇攀珠峰挑战自身极限最重要的原因。"导学团队成员2020级研究生饶炜博说。

"山海求知",组织护航助力学生成长

在做好科研教学的同时,团队导师带领学生积极发挥支部优势,持续深入基层教育一线,开展志愿服务,传播科学知识,弘扬地大精神,引导学生努力成长为堪当民族复兴重任的时代新人。

陈刚老师成功登顶珠峰返校后,牵头组建了"山海求知"党支部,这是一支纵向设置的研究生党支部。党支部依托陆海空间探测与评估导学团队师生力量,注重支部文化和精神建设,结合学校专业特色和学科优势,聚焦"登高望远、山海

求知"党建文化品牌,开拓了"乡村教育结对帮扶""海洋科普文化宣讲""山海求知教育基金"等支部特色项目,力争在党建方式上,纵向延伸"求高度",不断丰富党支部精神内涵。目前,该党支部入选2023年度湖北省高校研究生样板党支部培育创建名单。

党支部依托师生共创、共学、共践,打造师生价值共同体。支部建在名师团队上,推动名师融入支部,支部融入团队。结合"世界地球日""全国海洋日""全国科技活动周"等重大节日和活动,推动党的理论入脑入心入行。

"山海求知"研究生党支部赴恩施开展支教活动

党支部积极开展科普公益工作,2022—2023年,团队成员深入山区支教,自费数万元设立助学基金,先后参与自然资源部、国家广播电视总局、中国科学技术协会等单位举办的科普公益活动60余次,累计受众2万余人;积极开展科学家精神弘扬活动,2022年7月,党支部受邀参加国家广播电视总局指导的纪实访谈节目《这十年·追光者》录制,节目网络播放量达2277万次。2023年6月,党支部成立的"山海求知"学风涵养工作室,入选中国科学技术协会学风涵养工作室,发布的科学家视频故事累计播放量达3.5万余次;2023年9月,党支部书记陈刚教授接受武汉市电视台邀请担任全市百万中小学生"开学第一课"主讲嘉宾,他以《攀登的意义》为题,讲述自己在珠峰科考的经历,鼓励同学们传承攀登精神,勇做时代的攀登者。

● "山海求知"社会实践团在长江口开展水文水资源调查

● 新闻联播采访陈刚教授

党支部积极开展社会实践,组织社会实践团开展长江源科考和长江口水文水环境调查,为贯彻落实习近平生态文明思想,推进"长江大保护大学生行动计划"贡献力量;团队还积极开展校企联建活动,先后与广州海洋地质局、长江水利委员会、水文水资源勘测局开展党建联建共创,事迹被中央电视台、《中国青年报》《人民网》及新华网等媒体广泛宣传。

团结奋进,人才培育成绩喜人

近10年来,导学团队共计培养了博士毕业生6人,硕士毕业生40人。累计发表学术论文120余篇,申请发明专利30余项,获国家奖学金奖项5人次,"优秀共产党员""三好学生"等校级奖项10人次。

2023年导学团队部分毕业生合影

导学团队坚持祖国哪里有需要,哪里就有团队的成员,团队以导师为榜样激励学生勇闯科研无人区,积极为卫星测控保障、地质能源战略、海洋强国事业和极地科学研究提供科研支撑。毕业生中,高校任教6人,中国地震局、国家测绘地理信息局、国家海洋局等直属事业单位9人,中科院研究所2人,水利部长江水利委员会等水利部门8人,中铁第四勘察设计院集团有限公司、广州市城市规划勘测设计研究院等大型勘察设计单位12人。

导学团队涌现了许多冲在科研一线的优秀毕业生。金波文作为国家海洋局信息中心工程师,两度前往中国北极黄河站科考;郭炳辉是中国地震局第一监测中心工程师,连续多年在青藏高原及周边执行地震监测和应急科考任务,作为西藏地震监测科研团队主要成员荣获2021年度全国"工人先锋号"。他们在上天入地下海登极的无限空间中,攀峰登极追卓越,思源致远求新知。

学生的成长离不开老师的悉心指导和言传身教。导学团队研究生刘正说:"陈刚老师让我印象最深的一次是在十堰山区进行洪涝灾害调查,开展水文测量工作中的'渡河'的场景。正值寒冬腊月,河床水位下跌,许多滚水坝体露出水面,测量需要渡河,陈老师带着我们用一块块石头垫起了过河的桥梁。陈老师说:'你看,我就说了吧,没有过不去的难关,这初春的河水温度,不比我们的靴鞋里暖和多了嘛?'陈老师直起腰,咧嘴一笑的神情,成了我们那个春天最温暖的阳光。"

野外水文测量

在陆海空间探测与评估导学团队中团队导师以身作则,用榜样力量激励学生成长,学生相互协作,师生们共同奋斗,脚踏实地地把科研的"脚印"烙在祖国大地,用匠心推动我国海洋测绘事业发展。

构造-成藏年代学导学团队：
四代人传承育人薪火，服务国家能源重大需求

（通讯员 庞伟红）近日，由资源学院梅廉夫、邱华宁、沈传波教授领衔的构造-成藏年代学导学团队，获评中国地质大学（武汉）首届研究生卓越导学团队。团队现有教师9人，研究生49人，其中博士17人，硕士32人，含留学生9人。近年来，导学团队师生心怀为祖国探油找气的使命，以"育人立德、求实问真、追求卓越"为建设目标，秉承"五好""五多"培养理念，注重言传身教，深耕校企合作、产学研融合，师生携手奋进，科学研究不断取得新进展，育人效果显著。

构造成藏年代学导学团队合影

无论是高原无人区，还是南海深水区，抑或是塔里木万米深层、东非大裂谷、中非大型剪切带等油气勘探评价难题和复杂领域，无数日夜，构造-成藏年代学导学团队的四代人用他们的汗水，为服务国家能源战略贡献着团队力量。

"踏遍祖国河山，将今论古，为祖国加油，为民族争气"，这是属于石油人的浪漫，亦是这个导学团队的铮铮宣言。

不忘初心,传承"求实问真"文化基因

构造-成藏年代学团队起源于1983年老一辈石油勘探构造学家王燮培、费琪、张家骅创建的"石油勘探构造分析"课程教学组,之后经过长期的教学和科研合作,从参与创建油气勘探开发理论与技术湖北省重点实验室、构造与油气资源教育部重点实验室、沉积盆地与能源资源学术创新基地,到2021年入选湖北省自然科学基金创新群体,历经40年,导学团队四代人接力传承教书育人薪火。

● 导学团队四代人合影

1960年,费琪教授参加"大庆石油会战"获"全国三八红旗手""会战标兵"等称号。为了学习国外前沿知识,1981年费琪教授远赴美国芝加哥大学地球物理系研究全球板块构造与古地理,1983年学成归国后,她率先开展同生断层、古潜山、逆冲推覆构造等前沿研究,进行多学科交叉、融合与综合研究,相关科研成果为胜利、华北和玉门等亿吨级油田的发现奠定了基础。

梅廉夫是费琪教授的学生，他长期致力于盆地构造和石油勘探构造分析方面的研究，在扬子板块复杂盆山耦合关系、华南陆内到陆缘裂谷盆地动力学及迁移规律、南海深水盆地成藏规律及富集机理等方面取得一系列标志性成果。沈传波在高中时便立下志向，想要学习石油及天然气地质专业，为祖国寻找油气资源，后师从梅廉夫教授，现已成长为构造-成藏年代学领域的青年学者。

沈传波教授的学生葛翔表示："求实问真，就是团队不断传承下来的基因。"葛翔曾获国家留学基金管理委员会的资助出国深造，现已留校任教。在他和刘昭茜、叶青等年轻教师心中，费琪、梅廉夫和沈传波3位老师的点点滴滴都深深地影响着他们。

费琪老师76岁时还跟随科考队去南极进行科学考察，她说她如果再年轻一点，她还要申请一个基金，为国家做贡献。"再琢磨琢磨，继续挖掘一下。先解决有没有的问题，再解决好不好的问题"，梅廉夫老师有很多经典语录在学生中口口相传。沈传波老师对学生更是出了名的"好"，学生口中的"人生导师"便是对他最大褒奖。

导学团队2016届硕士毕业生、中国海洋石油集团有限公司"青年榜样"、最年轻的项目经理闵才政回忆："梅老师平时不苟言笑，对待科研十分严谨，但当我们面对人生重大抉择时，他却悉心给予指导和帮助。他就像一位严父，从不用语言表达关怀，只默默教会我们科研和人生的真谛。"团队成员从团队中不断汲取能量，成就精彩人生。

勇于创新，助力深海深层多个油气田的发现

构造-成藏年代学团队负责Ar–Ar年代学、裂变径迹热年代学、成藏成矿流体成分分析系统以及构造-成藏过程模拟共4个实验平台的建设与运行。面向国家能源资源的战略需求和前沿科学问题，团队聚焦构造-成藏作用的精细解析及定量约束，在南海陆缘盆地形成演化及成盆动力学机制、扬子地块盆山关系与深层海相油气成藏改造、流体包裹体Ar–Ar定年技术、深层-超深层储层地质力

学建模技术等方面取得了一系列创新成果。

15年以来，导学团队基于"十一五""十二五""十三五"3轮国家科技重大专项以及中国海洋石油集团有限公司多轮科技攻关项目，在南海北部珠江口、琼东南等盆地开展了大量研究工作，取得一系列标志性研究成果。团队基于中石化海相重大前瞻性项目、国家自然科学基金项目、湖北省创新群体项目等，聚焦扬子地块盆山构造演化与深层海相油气成藏研究，为海相深层碳酸盐岩油气选区评价、非常规页岩气等的勘探与开发提供决策依据。

导学团队与中国海洋石油集团有限公司形成了长期、广泛和高度融合的产学研协作关系，研究成果在勘探实践中得到有效的应用和推广，助力了深海多个油气田的发现，多次被评为中国海洋石油集团有限公司优秀外协团队。梅廉夫教授获原国土资源部（现自然资源部）、国家发展和改革委员会与财政部颁发的"新一轮全国油气资源评价工作"优秀组织者荣誉。刘敬寿教授研发的油气藏四维应力场模拟与裂缝关键参数定量预测技术，被塔里木油田广泛应用于解决深部储层地质力学难题。

邱华宁教授向国内外专家介绍 Ar‐Ar 定年技术

邱华宁教授一直带领团队致力于发展高精度流体包裹体 Ar－Ar 年代学技术。自主研制小型高效气体纯化系统、二氧化碳激光熔样系统、流体包裹体提取系统和空气氩标定系统，与新一代小型高灵敏度稀有气体质谱仪 ARGUS Ⅵ 联机，建立了国际一流水平的全自动化 Ar－Ar 年代学实验室，是"深时数字地球"国际大科学计划唯一的中国实验室。

"五好""五多"，教会学生做人做事做学问

构造-成藏年代学导学团队以"育人立德、求实问真、追求卓越"为建设目标，基于"道德素养好、导学关系好、科研成绩好、文化氛围好、培养效果好"的创建理念，确立了"多读、多写、多想、多问、多做"的科研模式，引导学生做人做事做学问，立德立行立业，不断培养有家国情怀、创新能力强、综合素质高的能源资源勘探者。

考虑到团队研究方向广、科研项目多、成员数量大，导学团队构建了规范的管理制度，涵盖工作导则、例会制度等，抓好"关键时间节点、日常关键制度、学生关键群体"3个"关键"，指导研究生的学习、科研、实习等方方面面。

邹耀遥明年即将博士毕业，自 2017 年他加入团队伊始，团队导师就开始为他的研究生生涯进行设计和规划。研究生阶段的中外文献调研与翻译，野外或现场基础工作，实验设计与推进，小论文与大论文撰写，环环相扣，具有前瞻性的培养流程让他的专业技能与素养得到提高。系统的科研培养强化了学生们在科研工作中发现问题、分析问题、解决问题的能力，这为产出高质量的研究成果和学位论文打下了坚实的基础。

在团队中，每一位研究生都有着属于自己的"独门绝技"，或是软件使用，或是实验技术，或是大数据分析方法，这也避免了团队成员们在同一方向上的"内卷"。这种"独立自主"却又"相互支持"的团队构建模式产生了奇妙的化学作用，最终实现"1＋1＞2"的效果。

🔸 **导师深夜送别毕业生**

在团队里大家都知道,学生毕业有"三宝",即传经送宝、赠书寄语、临别送行。

"有新想法时记得做笔记,至少作两次学术报告,有问题记得和老师沟通,英语学习要常态化……",这是团队今年毕业的赵德锋在毕业座谈时给团队其他成员分享的毕业感悟。每年,这样的场景都会如期出现,团队成员在座谈中能收获不少干货。"愿你永葆赤诚与热爱,勇当开路先锋,争当事业闯将,身影闪耀在能源行业的主战场。"除了分享经验,毕业的学生们还会收到导师根据每个人的特色精心挑选的书籍,书籍的第一页写满了导师对他们的祝福与期望。离校的那一天,导师将毕业生送到大门口并合影留念已经是团队标配。

为舒缓工作学习压力,在团队导师的大力支持下,团队每学期会组织多次集体团建,进行户外烧烤,开展红色教育学习,导师们还出资让学生每周到体育馆进行2~3次体育锻炼,强健体魄。

在温情与感动中,导学团队不断加强学子的爱国爱校情怀,教会学生做人做事做学问。

导学团队组织户外骑行

春风化雨，致力让学生更有幸福感

在导师们润物无声的培养下，团队学子成绩喜人。团队为国内外企业和单位培养了大量的专业人才，涌现出一批又一批优秀的勘探和研究人员、大油气田的发现者、能源行业的管理者以及志愿深入基层、服务基层的优秀代表。

近些年，团队探油找气的足迹延伸到了缅甸、东非、中非、巴西、中东等区域，助力"一带一路"建设。

团队非常注重学生综合素质能力和家国情怀的培养，近5年间，团队有10余人奔赴基层，到祖国最需要的地方建功立业。石家庄市2021届选调生史邵贤最难忘的就是在面临人生路上的重要选择时，与导师沈传波的深夜长谈，让他更加坚定地选择了成为一名扎根基层的选调生，他说："温暖与真情，是我们从沈老师身上学习到的宝贵财富，我们也会将这份爱在为人民、为国家的服务和奉献的过程中继续传递下去。"

科研尖兵、企业高管、"双一流"高校教授、基层服务者……近40年来,80余名博士、150余名硕士从这里出发,成长为"德才兼备、堪当大任"的行业骨干和国家栋梁,他们在"强国有我"的征程中建功立业。

导学团队开展工作研讨

面对越来越年轻的学生队伍,团队导师充满信心,他们说:"我们会不断去更新观念,更深入地了解他们的需求,让他们找到获得感、幸福感和成就感,引导他们热爱专业、服务社会,贡献青年力量和智慧。"

参评卓越导学团队风采

地球科学学院
特提斯及古生物演化导学团队

🌱 导师成员照片

团队由冯庆来、喻建新、沈俊、顾松竹、袁爱华、石敏、张木辉、赵天宇8位导师及其所指导的研究生组成。

团队以特提斯构造演化及其环境-生物效应为主题，聚焦地质历史关键期的生物记录和环境标志的系统研究，重塑地质历史重大转折期的地球环境和生命过程，试图为当前的全球变化与生命演变提供历史的启示。团队老师不仅传授专业知识和技能，注重学生分析问题和解决问题能力的培养，更关心学生人格、心理和世界观的培养。

注重能力培养、兼具家国情怀。要求学生不仅知道学什么、怎么学，还要知道为谁学。关注团队协作精神、领导能力、组织能力培养，培养具有家国情怀和国际视野的多元化优秀研究人才。提倡师生平等、完善人格塑造。以师生平等的精神，真诚对待学生，完善学生的人格塑造。除了在学业和科研上帮助学生外，团队老师还主动帮助学生解决生活、思想、感情上的问题。严格培养要求、鼓励开拓创新。在学术上严格要求,要求学生培养踏实的工作作风、严谨的治学学风、创新的科研理念,严格杜绝学术腐败和平庸。在严格要求的同时,也不忘鼓励学生大胆开拓、勇于创新。注意因材施教、实现全面发展。通过对学生的深入了解,为学生建立档案,根据每个学生不同的性格特点和学科背景,因材施教。在师生之间形成其乐融融的生活和学习氛围,教导学生热爱生活、热爱运动、积极向上,从而实现了学生的全面发展。

实现团队化培养。团队内部交叉联合培养,学生具有双导师,除团队内部导师以外,有的还聘请了校外导师。培养过程中,结合野外工作,学习不同导师对地质现象的分析;结合组会,聆听不同导师的见解;结合开题汇报,接受不同导师的指导意见;结合实验,团队师生互帮互助,以老带新。

团队师生科研成果丰硕,在高级别国际期刊发表学术研究论文13篇。研究生王月明、卢怡伉等获批云南省第一个地质文化小镇建设项目。

地球科学学院
行星地质学导学团队

团队由肖龙、王江、赵健楠、何琦、黄倩、黄俊6位导师及其所指导的研究生组成。

团队聚焦行星地质和比较行星学的前沿科学问题,服务国家月球和深空探测工程,建设有陨石和天体化学实验室、行星地质实验室。研究内容包括月球和火星等类地天体的内外动力地质过程、行星类比研究、陨石学和天体生物学等。

团队坚持以学生为中心的导学和立德树人理念,通过言传身教和示范引领,鼓励创新。在每周一次的组会中、不定期的个别交流讨论中、野外科考和丰富多样的团建活动中宣传学习航天精神,培养德才兼备的四有人才。

团队培养研究生50余人,研究生在校期间获得李四光优秀学生奖、国家奖

◐ 导师组照片

学金和各类学业奖学金等 10 余人次,获得校级以上优秀毕业论文 10 余人次,获评"优秀研究生"等荣誉称号 20 余人次。毕业的研究生中,1 人成长为国家级青年人才,多人成长为所在单位的业务骨干。

◐ 导学团队在柴达木盆地开展野外实习

团队自成立以来,获得包括国家自然科学基金重点项目在内的基金项目 10 余项,民用航天预研项目多项。深度参与了国家嫦娥探月和天问探火项目论证与科学研究,在嫦娥三号、嫦娥四号和嫦娥五号着陆区地质研究、模拟月壤研制、天问一号火星着陆区地质、嫦娥五号样品研究、类地天体地质过程和行星类比研究等方面取得了多项创新性成果。这些成果发表在 Science、Nature 等国际顶级学术期刊,团队成员主持和参与完成的科学成果获得国家自然科学奖二等奖 1 项,省部级一等奖 3 项、二等奖 1 项。团队导师获得中国地质大学(武汉)"研究生的良师益友"和"最受大学生欢迎的老师"等荣誉称号。

地球科学学院
岩石圈演化导学团队

团队成员照片

团队以岩石探针为手段,通过多学科交叉方法揭示大陆的形成与演化,形成了独具特色的人才培养和科学研究基地。团队由池际尚院士创建,经路凤香教授、莫宣学院士传承,现由郑建平教授负责,成员包括地球科学学院赵军红、苏玉平、王伟、马强教授以及地质过程与矿产资源国家重点实验室熊庆、戴宏坤研究员等多位优秀人才及其所指导的研究生。

团队坚持立德树人和为国育才的高标准严要求,以"传承与创新发展 + 兴趣与自信互促"为治学理念,通过学术科研引领、激发学生创新动力,在教书育人、科学研究、人才培养和国际合作等方面均取得了优异成绩。团队在地学权威期刊发表学术论文500余篇,获国家自然科学奖二等奖1项、湖北省自然科学奖一等奖2项以及李四光地质科学奖、黄汲清青年地质科学技术奖、侯德封矿物岩石地球化学青年科学家奖、中国地质学会青年地质科技奖(金锤奖)、中国地质学会青年地质科技奖(银锤奖)等多项荣誉。

团队指导的研究生有30余人次获得湖北省和校级优秀学位论文、国家奖学金、中国地质大学(武汉)优秀博士创新基金以及国家留学基金委奖学金等奖励或资助。团队注重国际合作与联合培养,与国内外30余个高水平科研机构、高等学校长期保持紧密合作和学术交流,并联合国内多名著名学者共同编著了《火成岩成因》教材。毕业生大多已成长为科研机构和高等学校的重要研究力量,一部分成长为商业品牌创始人和优秀管理人才。

野外科考

野外科考

野外科考

团队导师合影

资源学院
沉积过程与动力学导学团队

导师组部分成员照片

团队现有王华、严德天、黄传炎、陈思、刘恩涛等教师8人（其中教授2人，副教授6人），研究生42人（其中博士10人，硕士32人）。团队专门从事含油气盆地中沉积物的发育过程、内部构成、空间展布、演变规律以及控制因素研究。

近年来，团队联合开展了国家重点攻关和国家科技重大专项9项、重点基金项目2项、国家自然科学基金10余项、国际合作项目及与三大油公司合作的横向科研课题多达30余项。系统开展了陆相和海相盆地内沉积特征以及油气成藏的研究，取得了丰硕的科研成果并为油田勘探做出了重要贡献。联合署名在国际期刊发表高质量论文30余篇，出版科研专著和教材10余部。与国际上知名大学著名学者联合培养博士研究生已达5人，并与国际知名大学建立了广泛的国际合作关系。研究成果获省部级特等奖1项、一等奖2项、二等奖6项、三等奖2项。

导学教师团队注重以身作则，充分发挥多学科专业优势，在科学研究和学生培养方面注重多学科融合。为调动成员积极性,充分提升团队活力,提出"三建五组"团队建设思路。目前,团队已经形成了以王华教授为中心,高年级研究生指导低年级研究生,项目组内、项目组间相互学习,挖掘优秀典型、促进共同进步的人才培养格局,有效激发团队成员在学习、科研、文体活动中创优争先的意识。

自团队成立以来,培养了大批沉积学和油气地质学领域的优秀人才。团队负责人王华教授获得湖北省跨世纪中青年学术带头人、湖北省有突出贡献的中青年专家等多项荣誉。团队成员组队参加第六届中国石油工程设计大赛获方案设计综合组武汉赛区二等奖,发表多篇高水平学术论文,参加国内外学术会议40余次。近3年共有7名博士生通过国家或学校公派项目去国外深造。在全体成员的共同努力下,团队的学生党支部获第一届全国高校"两学一做"支部风采展示活动工作案例特色作品,支部党员获评校级"优秀研究生"或"优秀研究生干部"10余人次。

材料与化学学院
可持续能源导学团队

团队成员包括教授4人,副教授6人,讲师2人,博硕士研究生57人。团队围绕国家能源安全的重大需求,深耕氢能和锂电池等学术领域,重点研究新型液态有机储氢材料的设计制备、新型直接燃料电池的设计、高能量密度锂硫电池及新型电解质材料的设计制备等。

近年来,团队承担了国家自然科学基金重大项目、湖北省技术创新计划项目等10余项,获批研究经费近3000万元。近5年发表高水平论文40余篇,被授权专利10余项。团队研究成果获批2021年湖北省技术发明奖二等奖,孵化湖北省高新技术企业1家,建成湖北省氢能技术创新中心、武汉市液态储氢工程技术研究中心,团队成员获湖北省"十大杰出青年"荣誉称号。

团队成员合照

团队坚持思政融入指导，引导学生树立远大理想与正确价值观，强化重大需求牵引，培养科研能力与科学精神，瞄准国际学术前沿，加强国际交流与学术创新。

在科研工作层面，团队老师对学生严格要求，指导的研究生多次以第一作者身份在国际顶级期刊上发表研究成果，多篇学术论文入选高被引论文。团队研究生中获国家奖学金奖励20余人次。

在协作方面，团队老师注重与学生的相互欣赏，尊重学生的个性，理解学生的情感，善于发现每一个学生的长处和闪光点，包容学生的缺点和不足，让所有学生都成长为有用之才。

程寒松教授导学团队科技成果奖励

导学团队杨明教授获湖北省"十大杰出青年"荣誉称号

在人才培养方面，团队注重因材施教。对于博士研究生和学术型硕士研究生，在夯实基础理论和实践的基础上，着重培养其学术创新和理论创新能力；对于专业型硕士研究生,注重培养基础理论扎实、实践能力突出、治学训练有素、综合素质全面的实用型人才。

自动化学院
控制理论与控制工程导学团队

团队成员合照

团队由自动化学院网络化控制系统实验室、多机器人协同技术实验室师生共同组成,目前成员包括国家级人才何勇教授、张传科教授、湖北省人才陈鑫教授等9名教师和75名研究生。面向信息物理融合系统、智能机器人系统的前沿问题,提出了系列理论方法和关键技术。近年来,团队承担包括国家杰出青年科学基金项目、优秀青年科学基金项目等课题20余项,获省部级科技奖励1项,发表学术论文100余篇,已培养毕业硕博研究生40余人。

团队落实"立德树人"根本任务,秉承"创新、国际化、实践"培养理念,营造"努力工作,享受生活"团队文化,致力于培养品德高尚、基础厚实、专业精深、知行合一的具有家国情怀、创新精神、全球视野和实践能力的高素质研究生。

团队强化思想引领,及时关注学生思想动态,引导学生树立正确的人生观、价值观和世界观,深化思政育人;注重教研融合,指导学生开展面向学科国际前沿和国家重大需求的科学研究,培养学生学术创新和工程实践能力,践行科研育人;注重团队建设,制定完善的管理方法,开展丰富的团建活动,提升学生凝聚力和协作能力,实现文化育人。

团队学生政治素养不断提高,学生支部获省级样板支部,其中硕士研究生佘欣然在研究生支教中表现突出,获评"优秀青年教师";学生学术水平显著提升,发表学术论文80余篇,学生实践能力快速提高,自主研发多款智能机器人,多人在学科赛事中获奖,博士研究生黄贝诺在机器人系统研发中表现突出,获中国研究生电子设计竞赛全国一等奖、"互联网+"大学生创新创业大赛湖北省金奖。

团队何勇教授、张传科教授等提出的时滞系统低保守性分析和设计理论方法,解决了时滞系统理论的多个挑战性问题,已成为该领域研究的国际最有效方法之一;陈鑫教授等研发的"海百合"扬琴机器人和带电作业机器人,攻克了机器人从设计、实现到应用全过程的诸多技术性难题,已形成系列具有自主知识产权的技术成果。

经济管理学院
南望学苑品牌研究导学团队

团队现有核心人员7人,其中教授5人、博导3人、副教授2人,团队带头人郭锐教授担任中国高等院校市场学研究会品牌研究中心副主任和绿色营销研究中心副主任、湖北省市场营销学会常务理事、湖北省人文社科重点研究基地——珠宝首饰传承与创新发展研究中心中欧高端珠宝市场研究所所长、经济管理学院副院长。

团队围绕绿色品牌、品牌国际化、奢侈品管理等研究领域,构建起了

● 团队成员合照

"本-硕-博"完整的育人体系,现指导博士研究生、硕士研究生30余人。

团队以"厚积薄发、惟真惟实"为精神内核,积极培养"传、帮、带、促"的核心文化,形成了师生之间、同门之间团结、友爱、互助、进步的和谐关系;围绕"立德树人"根本任务,团队培育并践行了有品德修养、有科研实力、有健康体魄、有审美情趣、有创新实践的"五有"并举育人理念。

团队围绕科研、实践和创新三大育人主线,积极鼓励并指导学生通过申请国际化联合培养、参与国内外高水平学术会议、承担横纵向科研项目、参加高级别创新创业大赛等途径实现全方位发展。团队育人成效显著,张伟博士、陈香博士等投身教育事业,现任教于武汉理工大学等知名院校;博士生刘子源致力于非遗保护传承,获"洪山好人""洪山区创业先锋"荣誉称号;李伟等同学在同济大学等国内外高水平院校继续深造。

在各类科创竞赛中,团队学生获得"创青春"中国青年创新创业大赛全国银奖、"地质+"全国大学生创新创业大赛国家级二等奖、"挑战杯"中国大学生创业计划竞赛银奖和湖北省金奖、"互联网+"大学生创新创业大赛湖北省金奖等荣誉;在去年举办的湖北省市场营销学会年会中,团队学生论文斩获1项特等奖、2项一等奖、1项二等奖及1项三等奖。

JMS 会议留念

团队学术研讨会

近年来,团队累计承担 3 项国家自然科学基金项目和 1 项教育部人文社科基金项目,获得首批新文科研究与改革实践项目和教育部工商管理类专业教学指导委员会思政课程重点教改项目,有关成果获湖北省社会科学优秀成果奖等。

地理与信息工程学院
高性能空间计算智能实验室导学团队

团队成员合照

团队以"城市智能感知技术与应用"为主题,开展包括遥感、数据采集、数据存储与管理、计算构架、大数据分析与挖掘、时空模拟、可视化、工程实现、落地应用等方面的研究，并在大数据的支持下为政府、企业以及居民等各级用户应对社会和环境变化提供技术保障和决策支持。目前，团队现有教师 18 人、硕士生 41 人、博士生 7 人。

近 5 年，团队在国内外核心刊物上发表高水平论文 100 余篇，主持多项国家级及省市级的纵向项目，包括国家重大专项课题、国家自然科学基金等项目；获得了多项科研及教学成果奖，其中省部级奖项 8 项；获得了 20 余项发明专利授权、11 套软件著作权，参与编写并出版了 15 部专著或教材；培养青年科技人才 30 余人；公开在开源网站上发布了相关数据集与软件，被国内外学者广泛应用。

团队致力于产学研用相结合，在 2020 年新冠疫情期间，团队参与开发了武汉市新型冠状病毒感染疫情时空信息系统，获得了《中国社会科学报》、中国教育网络电视台等多家媒体的报道，同时撰写了 4 份咨询建议报告提交到湖北省相关政府部门，获得了省委领导和武汉市长的批示，为疫情防控相关工作提供了重要支持。

项目组导师始终以德行培养作为专业能力培养的前提，主持了多项研究生课程建设工作，如作为"双一流"研究生全英文学科课程群建设的负责人，指导出多名国家奖学金等专项奖学金获得者，指导本科生在全国各类竞赛中获特等奖、一等奖等重要奖项。

团队积极为学生提供国内外学术交流机会，近 5 年指导的研究生已成功发表了高级别论文 20 余篇。

团队成员参加学术会议

团队指导国内外研究生毕业

计算机学院
智能学习与信息自动化处理导学团队

团队成员合照

团队依托计算机学院和智能地学信息处理湖北省重点实验室，在智能计算、机器学习、遥感图像分析与处理等领域开展研究。现有教授3名，副教授6名，在读博士和硕士研究生80余人，发表论文400余篇，承担国家重点研发计划、国家自然科学基金面上项目、国家自然科学基金青年科学基金项目、国家"863计划"专项课题、湖北省自然科学基金创新群体项目、湖北省自然科学基金面上项目、新疆国土资源厅项目等30余项。

"育人为本、创新为先"是团队的育人理念。团队导师在学业规划、专业探索、学习方法等方面上全面、认真指导学生；积极组织学生参加各类社会实践、学科竞赛等活动，培养学生的应用能力；经常邀请国内外知名专家开展专题讲座，扩展学生的国际视野；尽力为学生创新创业提供条件，帮助学生顺利走向社会。除了培养学生的综合能力，团队导师也十分注重学生心理健康，善于从日常工作中引导学生树立积极向上的生活态度。当学生在生活方面遇到困难时，在尊重学生感受的前提下给予力所能及的帮助和安慰。

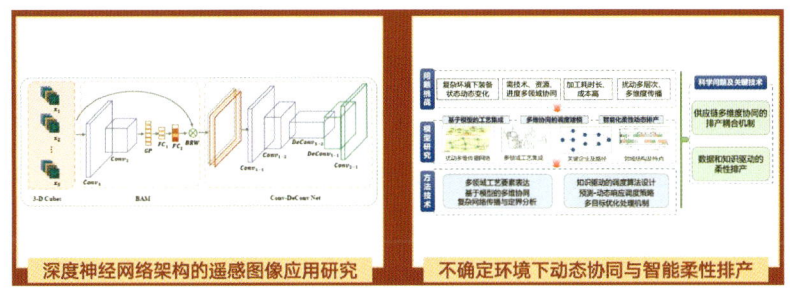

迄今为止,团队培养博士和硕士研究生已超过200人。指导的毕业生中,有的在国内外知名高校任教,有的在阿里巴巴等知名企业任高级科学家,有的在Twitter及IBM等公司任高级专家。

体育学院
户外教育与思想政治教育融合导学团队

团队成员合照

团队由李伦、储祖旺、董范、庞岚、李元5位导师及其所指导的研究生组成,现有教授3名,研究员1名,副教授1名,在读博士和硕士研究生68名。主要从事户外教育与思想政治教育融合方面的研究,在户外教育的思想政治教育功能、户外运动课程思政、户外教育培养大学生品质等方向进行探索和研究。

以户外教育为基点,秉持户外教育思政特点,发扬团结协作精神,建立无间隙沟通。打造学习型团队,行文明礼仪之举;面向未来,坚持自主创新。团队秉承"户外教育思政育人、户外运动创新思维"的理念,注重学生综合能力的提升与培养。在户外教育的基础上坚持以德立身、以德立学、以德施教,注重提升对学生的世界观、人生观和价值观教育,以户外运动为载体针对学生特点,发掘亮点,鼓励创新,不设置唯一的标准。在这种培养模式下,近3年来,团队共有4位成员获得研究生国家奖学金。

团队充分发挥导师作为第一责任人的教育功能,严谨治学、深耕科研沃土。营造良好的学术氛围,坚持每周一会,通过学术研讨会的形式分享前沿和热点,提升研究生各项科研能力。此外,导师团队注重将户外运动与科研课题相结合,鼓励学生们在学习之余主动参与或负责研究项目,促使学生在实践中得到更深层次的成长,并从多维度提升研究生的综合能力,与学生在理论与实践中一起"登山望海、海纳百川"。

导学团队交流会现场　　导学团队交流会现场

团队中3位导师一直从事与户外运动相关的教学与科研工作,在登山、攀岩及户外教学、竞赛、社会合作等方面取得了丰硕业绩。1位导师长期从事高等教育研究和管理工作,1位导师长期从事学生事务管理及思想政治教育研究工作。多年来,团队共承担项目30余项,发表学术论文50余篇,出版教材、专著10余部。校级教学名师1名,获中国地质大学(武汉)"研究生的良师益友"荣誉称号4人次。

地球科学学院
地球生物学导学团队

导师组照片

团队由谢树成、罗根明、朱宗敏、孙亚东、杨江海、袁小平、沈俊、王灿发、张宏斌、杨义等导师及其指导的研究生组成。以谢树成院士为主导师,是一个由地球科学学院、中国地质大学生物地质与环境地质国家重点实验室、地质过程与矿产资源国家重点实验室、海洋学院等单位组成的跨学科团队。团队成员中有7位国家级人才、3位"地大学者"以及52名研究生。

团队负责人谢树成当选国际地球化学会士和美国地质学会荣誉会士,并获得国际有机地球化学领域最高奖——Alfred Treibs Award。这是该奖设立45年以来获此殊荣的第一位华人科学家。团队成员杨江海获得"中国孙枢奖",罗根明获得"侯德封矿物岩石地球化学青年科学家奖",孙亚东获得"欧洲地球科学联合会杰出青年科学家奖",这为人才培养提供了多学科交叉的雄厚而杰出的师资力量。

团队通过多学科的交叉融合、开展有组织的科研、构建不可替代性的技术平台等途径实现创新型人才培养的转型,并取得了突出成绩。

开展多学科前沿交叉、有组织的科研活动。团队开展有组织的科研活动,多次组织地球生物学科学前沿的多学科交叉融合攻关,承担了国家重点研发计划项目、国家重点基础研究发展计划项目、国家自然科学基金委的重大项目、创新群体项目等。团队聚焦在地球生物学方向,以构建古今融合的地球生物学新理论、新方法、新实践为目标,3项成果入选中国古生物学会十大进展,2022年、2023年连续两年获得湖北省自然科学奖一等奖,这为人才培养坚持"四个面向"提供了实际抓手。

导学团队部分老师和学生在重大项目启动会现场

构建不可替代性技术平台。团队依托国家重点实验室搭建了分子微生物学、分子地球生物学、行星生物学、沉积构造模拟、环境磁学等多学科的不可替代性技术方法平台,涉及深部与浅部、陆地和海洋、生物与环境、远古与现代4个方面的技术融合,每位成员既可以充分发挥自身优势又聚焦共同科学问题进行联合攻关,形成了良好的团结奋斗、拼搏创新的团队氛围,这为人才培养提供了不可替代的技术保障。

通过多样化途径推动地学学科人才培养的转型发展。团队在新版本科生和研究生的培养方案中发挥引领作用,推动"大地学和新地学"本科课程体系的建

谢树成院士给团队学生作题为"研究生到底该追求什么?"的讲座

立并承担相关课程建设,出版国内第一部《地球生物学》教材。团队指导的研究生4人获得国家奖学金,12人获得国内外学术会议优秀报告/展板奖,10人获得国家留学基金委联合培养资助,4人获评省级优秀博士学位论文,12人获评校级优秀博士/硕士学位论文。

地球科学学院
金钉子导学团队

团队由童金南、宋海军、宋虎跃、Jacopo Dal Corso、代旭、楚道亮、田力、叶琴8位导师成员组成,导师成员包括多位国家级人才。团队秉承地球生物学"四代地质人"艰苦奋斗精神,着力建设和完善"党建引领+学术创新+科技服务"的工作模式,着力培养地学拔尖创新人才。团队主要聚焦深时生物与环境演变过程研究,利用多学科交叉手段揭示关键地质历史时期的古生物、沉积物、古气候和古环境信息。

◉ 团队成员照片

团队近些年来努力拓展研究方向,以"地球生物学大数据与模拟平台"建设为核心,开展地球生物学、数据科学和信息科学的交叉创新研究,为预测当代全球变化提供极端场景下的定量参数和边界条件,从而完整认识当前地球系统演变规律以及正确预测其未来发展趋势。

◉ 金钉子党支部

◉ 野外科考

团队强化政治引领,将政治理论学习与科研训练相结合,让学生的理想信念在科研实践中得到淬炼。成立的师生联合金钉子党支部,入选2023年湖北省研究生样板党支部创建名单。定期召开组会和专题研讨,一对一交流常态化,提高研究生的业务水平和科研效率。团队依托国家、省部级重大科研项目和国家留学基金委项目，为研究生能力提升和国际化培养提供了良好的平台支撑。

团队目前共指导博士研究生15名，硕士研究生22名，承担和参与6门本科课程和4门研究生课程的讲授，负责稳定同位素质谱、海洋生态系统模拟和地球生物学大数据3个实验室的建设与运行。团队近5年承担各类科研项目20余项，其中国家自然科学基金重点项目3项、面上项目7项、国家重点研发计划子课题2项，为研究生培养提供了重要支撑。

导学团队切实走在学术创新前沿，鼓励学生开展学科交叉研究，尤其是着力发展大数据、地球系统模拟和地球生物学研究，并将其进行有机结合。近5年来以学生为第一作者身份在 Science、Nature Coummunications、Science Advances 等高水平期刊上发表学术论文19篇。导学团队成员获得了国家自然科学奖二等奖、教育部自然科学奖一等奖、中国古生物学会青年古生物学奖等。团队成果3次入选中国古生物学十大进展。团队内研究生获得"挑战杯"全国大学生课外学术科技作品竞赛特等奖和二等奖、湖北省"挑战杯"全国大学生课外学术科技作品竞赛一等奖。2名研究生获李四光优秀学生奖，3人获研究生国家奖学金，4人获得鲲鹏创新应用大赛全国铜奖。

资源学院
矿床学导学团队

团队由李建威、赵新福、李占轲、吴亚飞、姚卓森、靳晓野、文广7名教师，以及36名研究生组成。团队负责人李建威为国家杰出青年科学基金获得者、国家自然科学基金委创新群体负责人，曾获"湖北十佳师德标兵"和"湖北五一劳动奖章"荣誉称号。

团队瞄准国家重大战略需求和矿床学学科前沿，致力于铁、铜、金、锰等紧缺战略矿产资源的成矿理论研究和矿产勘查应用，为保障矿产资源国家安全贡献

● 团队成员照片

力量。团队时刻牢记为党育人、为国育才的初心使命,坚持立德树人根本任务,秉承"德智并重,崇尚创新,追求卓越"导学理念,厚植学生的家国情怀,帮助学生树立科技报国的理想信念,引导他们将个人发展前途与矿产资源国家需求相结合。同时遵循育人规律,坚持因材施教、有教无类的育人理念,充分尊重学生的研究兴趣,积极调动学生的自主性和创造性。

● 李建威老师带领学生在山西开展野外工作

● 团队开展学术交流

导师组注重对研究生的思想引领、价值塑造和能力培养,积极开展研究生培养的教育教学改革,主要做法包括:强化思想引领,将培养学生的家国情怀作为立德树人的出发点,让学生充分认识到矿产资源安全在中国式现代化进程和国家安全中的重要地位;培育科学精神,大力弘扬李四光和优秀校友的地质找矿报国精神,培养学生胸怀祖国、服务人民、攻坚克难、争创一流、潜心学问、淡泊名利的科学家精神;注重全过程培养,夯实专业基础,锤炼野外工作能力,培养科技写作能力,提高综合素质;善用科研资源,坚持将科研资源及时转化为优质的育人资源,让每位研究生都能依托国家级重点科研项目开展前沿科学研究;拓展国际视野,导师组与10余所国际知名大学和研究机构建立了长期的合作关系,为研究生开展国际交流与合作搭建了一流平台;关心关爱学生,时刻教导学生要做一个有理想、有追求、品格高尚、正直无私的人,定期组织丰富多彩的体育锻炼活动。

近年来,团队研究生以第一作者身份在 Economic Geology 等期刊上发表论文10篇。团队毕业研究生中获国家杰出青年科学基金1人,国家优秀青年基金2人,国家级青年高层次人才3人,李四光优秀学生奖2人,博士后创新人才计划入选者2人,中国地质学会"金罗盘奖"1人,湖北省优秀研究生学位论文10人次,湖北省"长江学子"1人,国外一流高校全额博士奖学金和博士后研究员5人。团队毕业研究生中超过90%进入高校、科研院所、地勘部门或矿业公司工作,为我国矿产资源理论研究与找矿勘查提供了高水平的人才支撑。

资源学院
沉积过程定量化导学团队

以朱红涛教授为首的沉积过程定量化导学团队,由资源学院、地球物理与空间信息学院的学术带头人、科研骨干老中青教授、副教授组成。团队起源于1980年老一辈石油地质学家、我国著名学者徐怀大教授创建的"层序地层学"课程教学组,之后经过长期的教学和科研合作,2014年在学术创新基地支持下组建了沉积过程定量化研究创新团队。

◯ 团队成员照片

团队具有稳定的研究队伍、前沿的科学研究方向、丰硕的科研成果、深度的行业服务能力、稳固的国际合作关系。团队目前承担和参与4门本科课程和6门研究生课程的讲授,先后已培养博士、硕士研究生100余人。目前在读博士、硕士研究生共计30人。团队近5年承担国家自然科学基金项目、国家科技重大专项、中海油企业攻关项目50余项,为研究生培养提供了重要支撑和资助。

◯ 团队参加学术会议合影

团队积极践行"创新是人才培养、科学研究的第一动力"团队文化。坚持"三结合、三阶段、三精神、三能力"的"3333"人才培养教育教学理念。"三结合"教育教学培养理念:做到理论与实践结合、知识与素质结合、科研与教学结合。"三阶段"人才培养教育教学理念：第一阶段需要熟悉科学研究、学术论文写作的方法、流程，熟练掌握专业所涉及的相关软件，能够在科研课题中承担核心工作；第二阶段负责研究课题的执行和指导低年级学生完成课题主体工作，发表1篇学术论文；第三阶段提升对研究结果的地质分析能力、交流、汇报能力，发表多篇高质量学术论文。"三精神"人才培养教育教学培养理念：创新精神、团队精神、奋斗精神。"三能力"人才培养教育教学培养理念：执行能力、协调沟通能力、自我约束能力。

团队积极响应国家能源安全战略和深地战略，立足四个面向，面向国家能源重大需求，主动对接国家能源资源工作战略部署，深耕校企合作、产学研融合、深度融入企业发展、深度解决企业难题、深度稳固研究特色，服务国家海洋深层能源勘探。在服务行业的过程中，总结出"态度端正、实事求是、服务勘探、永远创新"的16字育人经验。

以"3333"人才培养教育教学理念为指导，以创新学术成果、产学研用科研成果为基点，培养综合性创新型高素质专业人才。注重培养学生地学思维和创新性思维，给学生更多的空间提出自己对于解决生产或者科研难题的方法或思路。在完成科研课题的同时，积极引导研究生进行拓展、延伸创新研究，全力提升人才创新能力，获得创新成果。

团队指导的研究生连续5年共11人次获得美国石油地质学会AAPG全球助研金，连续4年获得湖北省优秀硕士学位论文，连续10年共15人次获得学校优秀博士、硕士学位论文。此外，指导的博士生先后获得博士后创新人才支持计划资助、第六届湖北省"长江学子"等荣誉称号。指导的研究生12人次获得研究生国家奖学金，10人获"优秀研究生毕业生"称号。指导的研究生先后获校级研究生科技论文报告会特等奖、二等奖、三等奖10余项。研究生以第一作者身份在 *Geology*、*AAPG Bulletin* 等国际著名期刊上发表论文40多篇。团队在沉积学、源汇系统研究方面取得了重要进展。

团队研究成果在我国近海深层油气勘探中得到了广泛应用和实践，取得良好的勘探效果，所带团队连续3年获评中海石油（中国）有限公司优秀外协团队。

● 团队合作单位看岩芯合影

导学团队主导师朱红涛教授先后获得中国地质大学（武汉）第四届"最美地大教工"、2016年度"十佳班主任"、第五届"研究生的良师益友"称号等荣誉。

材料与化学学院
先进涂层导学团队

先进涂层导学团队由侯书恩教授创立，他培养的博士生靳洪允教授任负责人，另有教授2名、副教授1名、企业导师3名，目前有在读硕士25名、在读博士7名。团队始终坚持科学研究服务国家重大战略需求，强调为谁开展科研活动，引导研究生面向科技前沿和"卡脖子"关键技术进行攻关，建立了"基于基因工程的材料设计－材料工程化－智能制造－构效关系－应用工程验证"的研究思路，围绕先进航空发动机热障涂层、固态锂电池领域开展科技攻关和人才培养。

团队主持和承担了装备发展项目、国家自然科学基金、湖北省技术创新重大专项、国家自然科学基金重大项目、国家重点研发计划等项目20余项，主办了2023年先进功能材料与原子力显微技术国际研讨会，攻克了先进航空发动机热

团队成员照片

障涂层"卡脖子"技术难题,该成果作为我校唯一代表受邀参加首届高等学校科技创新大会暨"献礼建党100周年"高校科技创新成果展;开发了超大倍率固体电解质,在东风M平台进行固态电芯搭载验证;研发的预应力管道灌浆材料成果通过交通运输部鉴定,达到国际领先水平,成功应用于港珠澳跨海大桥等重大交通枢纽工程。团队荣获5项湖北省科技奖励,其中技术发明奖一等奖1项、二等奖3项,科技进步奖二等奖1项。

团队培养了18名博士和67名硕士。近5年,学生以第一作者身份发表SCI论文26篇、获授权专利13项。5人获得国家奖学金,6人出国攻读学位或联合培养,1人获全国优秀博士学位论文提名奖,3人获湖北省优秀硕士学位论文,4人获得校级优秀博士学位论文。

部分学生从事科学研究:澳大利亚新南威尔士大学宋宁博士承担总价值900万澳元的国际合作项目,作为主要成员参与国际电工委员会国际光伏标准制定;武汉理工大学彭勇教授主持国家自然科学基金重点项目和湖北省创新群体。部分学生创业:刘敏创立了合源锂创(苏州)新能源科技有限公司,并担任董事长,其曾荣获第九届"创青春"中国青年创新创业大赛全国银奖、苏州工业园区科技领军人才;许亮创立武汉比邻科技发展有限公司,并担任总经理;黎朝晖担任威胜集团微网储能事业部总经理,入选湖南省"555人才计划"。徐春辉任中国航发

合源锂创(苏州)新能源科技有限公司(简称合源锂创)与中国地质大学(武汉)签约投入1000万元共建联合研发中心开展固态电池"卡脖子"技术攻关

刘敏博士荣获第九届"创青春"中国青年创新创业大赛全国银奖

我校人员与合源锂创员工在公司合影

合源锂创固态电池10GWh智慧工厂奠基

北京航空材料研究所高级工程师,获得公司科技成果奖一等奖和青年人才成长奖。另外,还有一批研究生任职中国航空发动机集团、上海航天精密机械研究所、东风汽车公司技术中心等单位。

环境学院
环境地球化学导学团队

环境地球化学导学团队以祁士华教授为负责人。团队内核为传承合作、交叉创新、吃苦耐劳、德才兼备。团队中包含湖北省杰出青年基金获得者,湖北省

● 团队成员照片

百人计划、博士后创新人才支持计划入选者各 1 人。成员获得了中国化学会青年环境化学奖、谢义炳青年气象科技奖、中国气溶胶青年科学家奖等重要奖项。团队面向我国突出的环境和能源问题,针对污染物多介质监测和迁移转化、生态和健康效应模拟等开展基础理论研究,针对清洁能源勘探和开发利用开展应用研究,在区域大气复合污染成因、持久性有机污染物等新污染物多介质表征和归趋、地热资源的勘探开发与可持续利用等方面取得了系列性原创高水平研究成果。

团队育人理念:开放、包容、互助。除了团队老师日常 1~2 周 1 次的小组会议之外,团队的传统特色做法是每年组织 3 次跨学科方向、跨年级的集体研学交流会议,包括新生见面和老生汇报会、研究生集中开题报告会、导师学术方向和重点工作汇报会。针对新生对未来研究方向和学术生涯的困惑、老生研究工作中存在的问题和积累的经验、团队主要研究方向和在研重大项目等进行开放沉浸式探讨,以此培养新生浓厚的学术兴趣,建立学术自信,并鼓励其根据兴趣爱好自由选择研究方向和第二导师;督促和鞭策老生不断修正完善人生观、价值观,完善科学研究和表达交流的逻辑性和科学性。

团队先后主持国家重点研发计划、国家自然科学基金、国家科技支撑计划、湖北省杰出青年基金等项目 30 余项,在本领域高水平期刊发表论文 300 余篇,出版专著/教材9部，获省部级科技奖励7项，被授权专利20余项，参编地方/行业标准2项。多人次担任国际SCI和国内核心期刊编委及专业委员会成员的学术职务。团队积极服务地方经济和社会发展，参与了2008年汶川地震科技赈灾、第七届"世界军人运动会"武汉空气质量保障和长江生态环境保护修复"一市一策"驻点跟踪研究等任务，5名老师和25名研究生获得个人纪念证书，团队获得3封感谢信。

团队师生黑龙江地热项目野外调研

2022年元旦师生运动会颁奖

团队共指导了研究生200余名，包括留学生10余名。近5年指导的研究生中有7人获得国家公派出国留学资格，13人次获研究生国家奖学金，8人获校级优秀硕士学位论文，6人获校级优秀博士学位论文。毕业生大部分成为地质、环保行业单位业务骨干。

工程学院
深部钻探与能源地质工程导学团队

深部钻探与能源地质工程导学团队由蒋国盛、宁伏龙、吴文兵、刘天乐、刘浩、孙嘉鑫6名教师、9名博士后、16名博士生（含3名留学生）、40名硕士生组

导师组照片

成。团队成员始终将"保障国家能源资源安全"重任扛在肩上,在深部钻探、非常规地质能源、海上风电基础工程等领域开展有组织的科研和育人工作。团队成员既注重在各自研究领域精耕细作,又注重交叉融合、互为补益。

团队近5年承担国家重点研发计划项目及课题、国家自然科学基金等项目30余项,重要横向项目10余项,校级及以上研究生教研项目4项,为研究生培养提供了重要支撑。

团队"三度"建设目标:思想有深度、科研有力度、育人有温度;"四好"建设理念:导学相长好、育人模式好、规范管理好、文化传承好;"六要"育人理念:思想要正、目标要远、情怀要深、视野要阔、业务要精、身体要好。

将支部建在团队上:按方向纵向设置3个研究生党支部,每个党支部配2位指导老师,以党建引领团队建设和人才培养。将"以生为本,因材施教"贯穿育人全过程:定制化培养方案,"分阶段、全时程"导学,打造"本-硕-博-博后-青年教师"传帮带机制。将身教示范融入指导各环节:带领学生一起阅读文献、撰写论文、攻关课题、开展交流、锻炼身体。将人文关怀传达给每一个学生:引导学生科研学习和生活并重、专业技能和人文关怀共行,让学生真正学会"两条腿走路"。

团队拥有教育部和湖北省研究生"工程伦理"课程思政教学团队1个、湖北

○ 导学团队体育活动

○ 团队学术活动

省创新群体2个。近5年,团队获省级教学成果奖一等奖2项,省部级科技进步奖一等奖4项、二等奖2项,行业协会特等奖1项、二等奖3项;被授权国际专利16项、中国发明专利50余项;出版专著3部(其中1部为外文);发表T2及以上论文80余篇,ESI高被引论文10篇、热点论文3篇;主编、参编国家及行业技术标准4部。团队指导研究生获优秀博士创新基金4人次、国家奖学金12人次;"创青春"中国青年创新创业大赛全国银奖1项,"挑战杯"全国大学生课外学术科技作品竞赛三等奖1项,"挑战杯"湖北省大学生课外学术科技作品竞赛金奖1

项、银奖1项、二等奖1项,"互联网＋"大学生创新创业大赛湖北省铜奖1项,校科技论文报告会特等奖1项、一等奖3项、二等奖4项、三等奖4项。宁伏龙2005年毕业留校,2022年获国家杰出青年科学基金资助;刘天乐2013年毕业留校,2022年入选国家级青年人才计划;吴文兵2023年入选国家级青年人才计划。在为资源能源勘探开发、工程建设等行业输送一大批高素质人才的同时,团队近5年毕业的博士解经宇、朱振南、郭东东、余义兵、田乙、官文杰、Wadi等均已成为国内外高校教师,将团队的文化、理念和精神传播开来,传承下去。

海洋学院
海洋地质灾害导学团队

团队成员照片

团队以孙启良教授为学术带头人,导师5人,研究生27人。团队聚焦于海洋地质灾害的科研和教学工作,是我国目前唯一针对深水海洋地质灾害链研究和培养专业人才的团队。团队揭示了海洋地质灾害诱发机制,提出了精确计算海底滑坡的新方法,重建了海底滑坡的形成过程,在海洋地质灾害链方面取得重要的理论创新。这些研究成果为海洋工程选址和沿海人民的生命财产安全提供了有力保障。孙启良获得了我国海洋地质灾害研究领域第一个人才称号(获国家自然科学基金优秀青年基金资助)和第三届"中国孙枢奖"。

团队成员由40岁及以下的青年人员组建,以"浩瀚深蓝,上下求索"为团队的指导精神,既要服务于海洋强国建设,关注国家海洋领域急需解决的问题与技术,又要为"科学海洋"的探索添砖加瓦,解决海洋地质灾害领域热点问题。本着"聚焦前沿、兴趣导向"的育人理念,瞄准领域前沿科学问题,结合学生的专业背景与个人兴趣选择研究方向、因材施教,在服务"海洋强国"战略的同时,激发学生的科研热情,为学生的科研之路夯实基础,力争将每一位学生培养成优秀的海洋青年人才。

孙启良老师秉承着"以身作则,循循善诱"的育人模式,以更高的标准要求自身,为学生作好榜样,以身作则教育学生热爱海洋科学,投身海洋事业;面对科研问题时,坚持"授人以鱼不如授人以渔",通过不断的启发让学生对自己的课题进行思考和探索,培养学生的独立科研能力。团队采用"定期组会与高效讨论"相结合的交流模式,学生在两周1次的组会上分享近期工作进展以及遇到的问题,小问题当场讨论解决,大问题会后约定时间进行深入讨论,通过这种方式,学生遇到的科研问题能够得到快速、高质量的反馈。

在工作上,团队坚持"严师出高徒",以严谨的态度对待每一项科学研究,每篇文章都坚持多方论证、反复修改、精益求精,改无可改之后才能投稿送审。在生活中,如团队老师的家长般贴心,老师们经常强调,身体是革命的本钱。为提高团队成员身体素质,每周开展2次羽毛球活动,在锻炼身体的同时,培养团队意识与竞争意识。团队成员来自五湖四海,为增强团队凝聚力,每学期组织2~3次户外团建活动,增强团队沟通,缓解科研压力。多管齐下,团队成员实现德智体美劳的全面发展,并且积累下了可靠的情谊。

团队目前共指导博士研究生5人,硕士研究生22人。近5年发表学术论文20余篇。团队支持研究生积极参与学术交流活动,2022级博士研究生王庆制作

○ 团队成员参加第七届地球系统科学大会

○ 团队体育活动

的展板获评第七届地球系统科学大会"优秀学生展板"（获奖率约3%），2019级博士研究生曹鋆在第21届国际沉积学大会上作口头报告，团队内研究生积极参加学校科技论文报告会，并多次获奖。团队鼓励学生全面发展，2019级硕士研究生宋晶晶担任海洋学院党建中心副主任，2023级硕士研究生江玮航担任海洋学院研究生会主席。团队已毕业的研究生深耕海洋科研一线,服务于中国地质调查局、中国海油等涉海单位,为建设海洋强国奉献青春。

机械与电子信息学院
工程机械设计及其自动化导学团队

◎ 团队成员照片

　　工程机械设计及其自动化导学团队现有成员 80 余人,其中研究生 70 余人,团队负责人为文国军教授。导学团队依托机械与电子信息学院湖北省智能地质装备工程技术研究中心、先进钻掘机械装备湖北省中试基地和教育部岩土钻掘与防护工程技术研究中心,是在多年的教学实践及科学研究过程中自然形成和发展起来的导学团队,为我国地质装备、智能制造等相关行业数字化、信息化、自动化、智能化人才的培养做出了重要贡献。经过多年积淀,团队已形成完善的本硕博多层次人才培养体系,取得了卓越成效,并荣获 2020 年湖北省高校省级教学团队、2022 年湖北省高校优秀中青年科技创新团队。

　　团队本着"宽视野、厚基础、强创新、重应用"的研究生培养理念,施行"课题组大组会、研究方向小组会、导师一对一面谈"宏微观多层级协同培养模式。结合爱国主义教育、暑期企业实习、产学研合作、分类制度化管理等形式,培养研究生面向产业需求、潜心科研、服务国家战略的家国情怀,激发团队师生的爱国主义思想。

导学团队每周组会后的"微党课"环节

导学团队为学生打造了良好的学习和生活氛围,在科研方面,研究生赴美国、英国等一流大学开展学术交流,参加地质装备论坛、石油装备大赛、数学建模大赛等科研活动,每年获批多项实验室开放基金和研究生创新团队项目。生活方面,倡导研究生积极开展体育活动,每周组织研究生进行篮球、足球、羽毛球等体育活动,提升团队间的凝聚力。导学团队内研究生之间关系融洽,凝聚力强。

团队始终坚持以解决工程机械设计与智能化过程中长期存在的关键技术问题为导向,坚持多学科之间的交叉融合。团队成员主持6项国家自然科学基金面上项目和青年基金项目、1项湖北省重点研发项目、1项湖北省自然科学基金杰出青年基金项目,作为主要骨干参与了国家重点研发计划、国家自然科学基金重点基金等项目,获2019年湖北省科技进步奖二等奖等奖励。导学团队近年来已发表论文60余篇,被授权国家发明专利及实用新型专利40余项,获批软件著作权20余项。

近年来,导学团队已培养出了一批基础扎实、专业精深的具有鲜明工程机械特色的一流人才,毕业的研究生就职于中煤科工西安研究院(集团)有限公司、湖北省水利水电规划勘察设计院等行业内知名企业,并已逐渐成长为技术骨干。

○ 每月生日茶话会

自动化学院
工业过程控制与数据挖掘导学团队

团队由曹卫华、胡文凯、袁艳、甘超、施阳5名导师及其所指导的研究生级成。自动化学院工业过程控制与数据挖掘导学团队始终秉承"立德树人、知行合一、严慈相济、因材施教"的育人理念，树立"创新、实践、国际化"的教育目标，以曹卫华教授为主导师，团队成员包括教授3人、副教授2人，目前指导博士研究生16名、硕士研究生39名。团队聚焦"四个面向"和"新一轮找矿突破战略行动"国家重大战略，面向智能制造、地质钻进、海洋勘察等复杂过程，开展控制优化、安全监控与大数据分析等理论方法及应用研究，旨在培养"立大志、明大德、成大才、担大任"的时代新人，进一步服务科技兴国战略。

团队坚持育德为先，通过"导师传、团队带、个人悟"的方式，谆谆教导，使学生理想、家长期望、老师理念、科研指标、毕业要求、社会需求诸多目标融合统一，

团队成员照片

引领学生在科研创新方面转变思维方式,形成严谨规范的科学素养;注重底线思维,使学生从心所欲不逾矩;强调人文关怀,及时了解学生状态;尊重学生个性,做到培养方案"一生一策"。在导师团的悉心指导下,团队学生抛开思想枷锁,快乐科研,充分发挥个人所长,全面发展,10余名研究生获得国家奖学金、"优秀研究生标兵"等荣誉,其中毕乐宇、黎育朋先后在2022年、2023年获得"中国大学生自强之星"荣誉称号。

团队实施"引进来,走出去"的措施,一方面邀请国内外知名专家前来进行专题讲座,让学生可以与行业大师近距离交流;另一方面每年资助学生赴海外名校联合培养、参加国际学术会议,立足学术前沿,拓宽国际视野,让学生达到国际知名大学研究生创新能力和水平。团队学生每年有近百次与相关领域专家面对面探讨学术问题的机会,且已有10余名学生前往加拿大阿尔伯塔大学、日本千叶大学等知名学府联合培养。

团队立足人工智能世界科技前沿,对接国家重大需求,在解决实际问题中提升学生的科研创新能力。围绕深海资源勘察,团队2023年获批国家自然科学基金重点项目,与广州海洋地质调查局联合培养学生,向着大洋深处,研制船舶智能感知协同控制系统,为国家首艘大洋钻探船"梦想号"进行深海资源勘探保驾

● 导学团队参加学术会议

● 导学团队体育活动

护航。面向深部地质钻探,团队翻山越岭,长期奔赴丹东、襄阳等野外钻探一线,研究开发地质钻进过程效率优化与安全智能预警系统并成功应用,事故预报率100%,钻进效率同比提升15%以上。针对隧道掘进安全问题,团队在机械轰鸣、掉块频发的施工环境下,扎根现场3个月,采集整理超长隧道(20 000m)的珍贵数据,提出多源数据融合的超前地质智能预报方法,有效预测岩体破碎等高危灾害,为隧道施工安全夯实基础。聚焦智能制造,团队深耕工业过程报警监控领域多年,提出报警泛滥分析与抑制、故障诊断与溯源等一系列突破性进展,获得国内外同行一致认可。致力解决微波滤波器高精度自动调试世界级工程难题,甘坐"冷板凳"6年,提出复杂系统动态建模和增强决策方法,在2023年斩获全国人工智能应用场景创新挑战赛一等奖、中国国际大学生创新大赛全国二等奖、"挑战杯"大学生课外学术科技作品竞赛全国二等奖的佳绩。团队近5年在相关领域国际顶级期刊发表论文30余篇,获授权专利20余项。

团队在科研创新、服务社会等方面的事迹在《人民日报》《新华网》《央视新闻》《光明日报》《中国青年网》《湖北日报》等省级以上主流媒体报道50余次。

经济管理学院
能源环境管理与决策研究导学团队

能源环境管理与决策研究导学团队以於世为教授为学术带头人,目前共指导博士生8名,硕士生33名。团队聚焦于管理科学和决策科学定量优化、智能建模、数据挖掘等技术方法,致力于研究能源资源开发利用、能源消费行为、能源贫困评估与减缓、气候变化评估与应对等方面的科学问题,在绿色低碳发展的赛道上不断追求卓越,勇攀高峰,为全球能源体系转型贡献中国智慧,提出中国方案。

立德树人担使命,培根铸魂育新人。团队坚守"为党育人、为国育才"的初心使命,将支部建设和导学团队建设有机结合,做到党建引领"融进去",科研创新"活起来"。团队支部以"党建红领航双碳绿"为特色,获批学院"一支部一品牌"党建品牌项目建设。柯小玲副教授主讲的"管理研究方法"课程获批研究生课程思政示范课程。此外,团队不断拓展导学互动场景,丰富导学交流形式,成功举

团队成员照片

办了第九期研言讲坛暨地理信息与能源环境跨学科学术沙龙、走进企业之中国建筑第三工程局有限公司参观与交流会等多样化活动,有效帮助研究生开阔学术视野。

地理信息与能源环境跨学科学术沙龙

团队师生日常沟通交流

服务国家重大战略,团队成果丰硕。团队始终坚持"直面国家重大需求"的科研布局,聚焦国家能源和环境需求,团队成员近5年来承担了国家自然科学基金重大项目、国家社会科学基金重大项目、国家自然科学国际(地区)合作项目、国家优秀青年科学基金项目、国家自然科学面上项目和青年项目等近30项,为研究生培养提供了重要支撑。其中，於世为教授 2022 年获批"复杂政策决策场景的生态建模研究"项目为我校"十四五"期间获资助的第一项国家自然科学基金管理科学部重大项目课题。团队成员获湖北省社会科学优秀成果奖二等奖、湖北省自然科学奖三等奖、湖北省社会科学优秀成果奖三等奖等省部级奖项 10 余项，积极建言献策并得到相关部门采纳近 10 次。

团队勤勉务实，育人成效显著。近 5 年有 10 人获博士、硕士研究生国家奖学金，1 人获李万亨奖学金，10 余人获得研究生数学建模、全国大学生能源经济学术创意大赛等全国奖项，8 名研究生获得 CSC 资助赴国外联合培养或攻读博士学位，10 人次参加国际学术会议交流并作学术报告。团队严格把关学位论文质量，郑舒虹等 5 人获校级优秀硕士学位论文。团队成员共计发表学术论文 100 余篇，其中，曹茜琳、刘杰、郑舒虹等 6 人共计发表 T1 级别期刊 10 余篇。团队育人质量持续提升，多名毕业生就职于华为、百度、阿里巴巴、拼多多、通用汽车等行业内知名企业，并逐渐成长为中流砥柱。培育的学生具有家国情怀，毕业生马莉、高亮等同志主动放弃高薪工作，选择在基层锤炼锻造，以实际行动践行"初心使命"。

外国语学院
译地译国导学团队

团队以外国语学院院长张峻峰教授为学术带头人，外国语学院研究生教育中心主任王伟副教授为负责人，团队成员还包括张玉珍副教授、赵彦乔副教授、张地珂副教授、唐慧君副教授及其所指导的研究生，共有教师 6 人，研究生 45 人。团队围绕"翻译地大－翻译地学－翻译中国"，以服务国际传播能力建设等国家重大战略需求为目标，开展以地学翻译、对外翻译与国际传播等多学科交叉融合的科学研究与人才培养。

团队立足翻译研究赋能外译和国际传播能力建设的新时代命题，以构建融

团队成员照片

通中外的话语体系为追求,理论研究与实践探索并重,积极引领学生在世界文化图景中展现中国文化特色,向世界讲好地学故事,向世界讲好中国故事,为国际传播能力培养提供地大方案。

团队秉持"厚德、励学、笃行、互鉴"四位一体的导学团队建设理念,引导学生学会做人、做事、做学问,全面提升研究生综合素养和核心竞争力,培养具有家国情怀和国际视野的高素质复合型翻译和国际传播人才。

近年来,团队在张峻峰教授带领下,先后承担国家社会科学基金、教育部人文社会科学基金等10余项省部级以上科研项目,研究《习近平谈治国理政》英译和国际传播、对外话语体系的基本内涵、理论框架和提升路径,为新时代构建融通中外对外传播话语体系背景下培养高端翻译和国际传播人才提供重要支撑。依托国家社会科学基金等项目,团队教师指导研究生研读权威文献,追踪学术前沿,形成了"设计科研论题-追踪研究前沿-奠定理论基础"的研究生学术素养培养模式及"撰写-反馈-修改"的手把手导学互动提升模式。基于该导学模式,研究生得到了较系统的科研训练,在SSCI及A&HCI双索引期刊发表高水平论文。

近年来,张峻峰教授带领团队老师积极引导学生投身国际传播和对外翻译实践，鼓励学生发挥专业所长对外讲好地学故事，讲好中国故事，为国家形象构建贡献力量。近5年培养的研究生中，获国家奖学金5人次、获校优秀硕士学位论文6篇、获"研究生标兵"称号2人，在国内外高水平期刊发表学术论文17篇，在全国大学生英语翻译大赛、全国口译大赛（英语）、全国大学生英语竞赛等获得奖项17人次。研究生"译红色文化传语言力量——红色文化国际译介志愿服务项目"获得第六届中国青年志愿服务项目大赛湖北省金奖、全国银奖。研究生参与第七届世界军人运动会口译、世界第十四届《湿地公约》缔约方大会口译、第四届巴东国际地质灾害学术论坛等多项大型赛事和会议翻译；研究生参与嵩山、伏牛山、黄冈大别山、恩施大峡谷－腾龙洞联合国教科文组织世界地质公园申报与评估外译和国际传播实践，得到了湖北省林业局和地方政府一致好评。团队成员将继续扎根地大，服务学校发展，讲好中国故事，践行使命担当。

团队召开组会现场

世界第十四届《湿地公约》缔约方大会陪同口译

数学与物理学院
微分方程与动力系统导学团队

微分方程与动力系统导学团队由二级教授、博士生导师郭上江领衔，主要从事微分方程、动力系统等领域的理论与应用研究。团队以"育才先育德、师生齐

● 团队成员照片

共建"为建设宗旨,秉持"夯实基础、突出应用、前沿创新"的导学理念,2020年以来共培养研究生21人(含博士生5人)。

● 团队成员参加学术会议

团队充分立足于数学学科特色,勉励有志于从事基础研究的学生面向世界科技前沿,深耕基础领域,加强原创研究,鼓励有志于从事应用研究的学生面向国家重大战略需求,开展交叉学习,加强创新研究。团队已形成了"一套入门读物、一组系列课程、一项讨论班制度、一个主攻问题、一支稳定队伍"的"五个一"专业育人机制。针对新生,导师组会结合团队传统推荐入门书籍、论文和教材,帮助研究生快速了解团队研究方向,为每位研究生精心制订培养方案,在分析、代数、几何等基础课程之上开设一组系列方向课。培养过程中,严格落实讨论班制度,加强学术指导,以开放、活跃的讨论氛围提升团队科研素质,充分尊重个体差异。长期以来,团队的师生配置上下贯通,梯队日益完善,沉稳而不失活力,已形成一支具有国际视野与社会担当的、竞争能力强的稳定研究队伍。

团队研究生获湖北省工业与应用数学学会研究生论文奖

近年来,团队带头人郭上江教授获省级科技奖励一等奖 2 项和省级教学成果奖二等奖 1 项、入选部省级人才计划,刘志苏教授获省级优秀青年基金与省级自然科学三等奖 1 项。刘志苏、王佳兵入选"地大学者"青年拔尖人才计划,李尚芝入选"地大学者"青年优秀人才计划。指导研究生获湖北省工业与应用数学学会优秀研究生论文奖 2 次,获数学建模竞赛与校级科报会奖励 10 余次。近 5 年,获批国家自然科学基金面上项目 2 项、青年基金 2 项、数学天元项目 1 项以及湖北省自然科学基金面上项目 5 项,在 *Jounral of Differential Equations*、*Jounral of Nonlinear Science* 等数学领域国际主流刊物发表论文 70 余篇。

团队学术交流频繁,近 5 年举办了"2022 年微分方程国际研讨会""第十次全国微分方程定性理论会议"等多场大型国际国内学术会议,在"第二届中国-巴西联合数学会议"等国际学术会议及国内外高校作报告近百场,团队成员多次赴四川大学、香港理工大学、意大利因苏布利亚大学与特伦托大学等国内外高校访学交流。

珠宝学院
首饰设计与工艺导学团队

◎ 团队成员照片

首饰设计与工艺导学团队认真落实立德树人为根本要求，以提升研究生的科研学术能力、设计创新能力和国际竞争力为目标，提高研究生培养质量，积极适应新形势下研究生教育教学新要求，系统构建一流创新人才培养体系，着力培养高水平的专业创新人才。

团队导师均为珠宝首饰领域专业教师，其中部分导师具有海外背景和艺术科技融合的跨学科研创能力。团队主导师张荣红教授现任珠宝学院副院长，博士生导师，国家一流专业学科带头人，湖北省人文社科重点研究基地——珠宝首饰传承与创新发展研究中心常务副主任，校非遗研究院执行院长，入选湖北省美术人才培养工程，2001年开始招收设计艺术学专业硕士研究生，培养硕士生近百人，博士生10人；徐可副教授、任开副教授，入选湖北省美术人才培养工程。

团队培养研究生多元化发展，尊重学生的独特天赋、个性素质和创新意识，提倡潜心学习拓展理论知识和专业技能，鼓励参与国内外学术会议及展赛。团队的研究领域在珠宝美学、艺术考古、珠宝文创到数字技术等新型及传统领域均有交叉。近年来，团队在实践教学、科研创新、学术研究等方面取得了累累硕果，共主持国家级、省部级及企业横向合作各类项目近50项，包括2023年教育部人文社会科学研究项目"楚式青铜器工艺痕迹考据研究"、2023年湖北省科研项目"成器之道：长江流域楚文化青铜容器的工艺美学考据及当代设计转化研究"、2022年湖北省科研项目"'荆楚文创设计进校园'活动科技服务项目"、国家艺术基金2022年度艺术人才培养项目"基于荆楚文化青铜器和绿松石的艺术创作人才培养"、国家艺术基金2018年度艺术人才培养项目"湖北竹山绿松石艺术创作人才培养"、国家艺术基金2017年青年艺术创作人才资助项目"细金工艺"和"金银技艺"等。发表相关论文60余篇，均发表在《装饰》《艺术设计研究》《宝石与宝石学杂志》等专业核心期刊。获各类专利近100项。参与国内外展赛100余项，2023年全国工业设计大赛任开老师代表参赛获"全国技术能手"并授予"全国五一劳动奖章"荣誉称号，张荣红教授获"优秀指导教练"称号，闫政旭老师及学生作品被国家级美术馆中国工艺美术收藏，任开老师及多位同学作品入选全国工艺美术展、北京国际首饰艺术展、中国好手艺等行业重要展览。多位学生参加TTF牛年生肖首饰设计大赛、上海新锐首饰设计大赛、"珠宝有IP"首饰设计新星大赛等行业重要赛事，取得优异成绩。

研究生组会学术分享

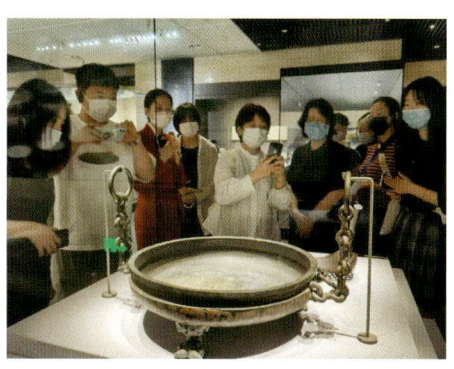

研究生湖北省博物馆实践学习

知识改变命运，教育成就未来。在张荣红教授的领航把舵下，团队将勠力同心、奋斗不息，不断加强研究生教育工作和导学团队建设，全面落实以德立身、以德立学、以德施教，构建导学育人共同体，不断提高导学团队的素质和能力，打造一支有理想信念、道德情操、扎实学识、仁爱之心的研究生指导教师队伍。

公共管理学院
国土空间规划治理与城乡发展导学团队

🌿 **团队成员照片**

团队以胡守庚教授为主导师，指导硕士生、博士生和博士后共计85名。团队获得湖北省高等学校教学成果奖一等奖、湖北省社会科学优秀成果奖二等奖等10项省部级奖项。

团队本着严谨治学、开拓进取、锐意创新的育人理念，坚持厚植爱国主义，创新"本-研"一体化科研育人方法，形成"卓越引领—团队协同"的育人工作机制，打造"理论-实践-创新"三线联动的人才培养模式。

团队坚持服务国家重大需求,追求学术卓越。面向国家战略和国民经济主战场,团队围绕长江经济带国土空间规划与治理、脱贫攻坚与乡村振兴、耕地保护和粮食安全等国家重大需求,开展了系列理论研究与实践探索。承担国家社会科学基金重大项目和国家社会科学基金领军人才项目各1项、国家自然科学/社会科学基金项目10项,省部级及以上项目50余项;发表相关领域TOP期刊30余篇,向国务院扶贫开发领导小组办公室、各省(区)提供评估报告几十份并被采纳,评估成果受到时任国家领导人高度肯定。

导学团队项目实地访谈与调研

团队坚持政治引领,强化立德树人。坚持开展有高度、有深度,更有温度的育人实践。坚持将思想政治教育和价值引领融入日常,强化全过程育人。高度重视党建引领,定期开展红色革命教育基地参观教学活动,追寻红色足迹、感受红色基因。认真开展思想素质建设，贝宁籍留学生大明的抗疫先进事迹受到央视等主流媒体的广泛报道。

导学团队学术交流研讨、典型事迹与团建活动照片

团队广泛搭建成长成才交流平台，强化科研创新能力。致力于因材施教，努力为每一位成员寻找合适的成长路径并积极提供个性化指导和支持。在良好活跃的氛围熏陶下，团队学生屡获殊荣，已指导毕业博士和出站博士后中，6人任教于211高等学校并获得国家自然科学或社会科学基金资助，传承了教书育人是崇高使命的团队理念，10余人获国家留学基金委资助出国联合培养、国家奖学金或"研究生标兵"称号等，指导本科生获全国大学生土地国情调查大赛特等奖、国土空间规划技能大赛一等奖等。

营造学研相济的团队文化,强调把论文写在祖国的大地上。定期组织开展学习交流活动,形成了以"高端论文学习""项目工作推进""研究成果交流"3类组会为主要形式的本科生、研究生学习交流平台,不断提升成员理论、实践和创新能力。带领900多人次深入贵、川等地区开展实地3万余农户调研与政府访谈,深度感受基层社会,培育家国情怀,做到知行并举、守正笃实。

公共管理学院
国土空间优化与治理导学团队

团队成员照片

团队以龚健教授为学术带头人,主要研究方向包括国土空间规划理论与方法、土地资源评价技术与方法和国土空间治理政策研究,涵盖国土空间综合规划、智慧空间规划技术、耕地资源综合评价与监测、多尺度土地利用/土地覆被变化驱动机制、城市更新识别与模拟、国土空间用途管制传导机制与政策、生态系统服务与农村土地政策等方面研究,是一支稳定而有活力的国土空间优化与治理导学团队。

目前团队导师8人,其中青年教师5人,形成了良好的梯队和学术结构,在校硕士、博士生58人,含留学生4人。目前承担或参与10门本科生课程和4门研究生课程的讲授,负责国土空间规划、国土空间优化与模拟、国土资源监测与评价3个实验室的建设与运行。

团队在鄂州小庙进行科学研究

团队在青海耕地质量取样

近5年团队荣获国家自然科学和社会科学基金、全国"多规合一"改革试点等30多项省部级及以上科研重大项目。研究成果得到中央深化改革领导小组、自然资源部、湖北省自然资源厅、青海省自然资源厅、鄂州市、保山市等相关领导的高度评价,受到众多社会媒体的广泛关注。相关成果获自然资源部全国村土地利用规划志愿服务优秀实践成果一等奖,形成了很好的示范效应,为国家空间规划改革提供了理论和实践支撑。近年来团队获省部级科技进步奖3项,省级教学成果奖一等奖1项,发表SSCI/SCI论文100余篇,出版学术专著3部。

团队高度重视育人过程,关注学生成长每一步。入学前三"定":定指导老师,定对接学生,定预学习书籍和软件。入学初三"识":识团队文化制度,识师生成员,识科研基础范式。强化全链条培养过程管理,第一学年强基础、引兴趣、明目标,第二学年按行业人才或科研人才实行差异化培养,第三、四学年关注求职需求,指导毕业论文;毕业后加强联系,实现团队关联生长。重视实践育人及探究式、参与式教研,依托科研项目引导学生与社会对话、与行业人员交流,坚持理论结合实践,把论文写在祖国大地上,培养学生的家国情怀。

团队通过引导学生参加科研项目、学科竞赛、志愿服务、创业实践等形式,形成更广阔的育人平台,提高学生创新能力、文化素养、实干精神和社会责任感。团队指导组建的"本-研"科研实践队伍被共青团中央和自然资源部批准为"弘扬志愿者精神,服务乡村振兴"村土地利用规划志愿者服务团队。指导的 10 多名博士、硕士研究生获校级优秀博士学位论文、优秀硕士学位论文,获国家奖学金 12 人次,获全国土地资源管理专业大学生不动产估价技能大赛、全国大学生国土空间规划技能大赛、全国大学生自然资源科技作品大赛等奖项 8 项,获"研究生标兵"称号 2 人,在顶级学术期刊发表论文 13 篇,授权发明专利 3 项。

团队自组建以来,为自然资源行业培养优秀硕士、博士毕业生 120 余名,培养的毕业生已成为行业中坚力量,其中,毕业后高校任教 8 人,自然资源部、各省自然资源厅及直属事业单位 80 余人,中科院研究所 4 人,团队成员扎根于祖国大地,为国家自然资源保护和利用贡献自身的力量。

计算机学院
地质信息技术导学团队

地质信息技术导学团队起源于 1995 年成立的地质矿产信息系统工程研究所。在全国优秀教师吴冲龙教授带领下,面向我国地矿工作信息化重大需求,长期致力于地质信息技术前沿科技攻关和复合型创新人才培养,牵头创办地学信息工程二级博士点和空间信息与数字技术国家级一流专业建设点,构建了本-硕-博完整的培养体系。经过三代人传承发展,目前形成了以中国地质学会"金锤奖"获得者刘刚教授为负责人、8 名骨干组成的团队,在校博士、硕士研究生 60 多人。

● 团队成员照片

团队践行科教融合,依托教育部和湖北省工程研究中心等平台,开展地质时空大数据与地质信息技术实验室建设。研发的自主知识产权地质信息系统平台软件 QuantyView 在地矿领域得到推广应用,获得湖北省技术发明奖一等奖。近5年承担各类科研项目 20 余项,其中国家自然科学基金重点项目 1 项、面上青年项目 6 项、其他国家和省部级项目 7 项,为研究生培养提供了良好的软硬件基础支撑。近 3 年依托湖北省地理信息工程技术研究生工作站,有 20 余名研究生参与了我国首个"省域玻璃国土"系统研发,建设成果支撑了该项目入选贵州省 2022 年度十大科技创新成果。

导学团队始终秉承"学科交叉复合"的人才培养模式,以"科技报国"构建团队文化,厚植家国情怀,培养团结奋进、勇于创新、善于协同的信息技术人才,服务"数字中国"和地矿行业信息化建设。团队建立了地质信息技术复合型创新人才培养模式,构建了面向地球科学与信息技术跨学科知识有机融合的教学体系,精心设计培养方案,目前承担 11 门本科生课程和 4 门研究生课程的讲授。有关成果获得 2018 年湖北省教学成果奖一等奖、2022 年湖北省教学成果奖特等奖和国家级教学成果奖二等奖。2020 年刘刚教授获评国际数学地球科学协会教学奖,也是亚洲首位获得该奖项的教师。

刘刚老师与毕业研究生合影

刘刚指导学生开展科研项目研究

团队以"远见、深究、思辨、创新、实践"作为育人理念,以科学素养养成为核心,帮助同学们过五关(学习关、交流关、开题关、研发关、写作关),提升分析问题和解决问题的能力。2017年以来,指导研究生获得"挑战杯"全国大学生课外学术科技作品竞赛二等奖和湖北省特等奖等奖项;李旸毕业论文获得获评校级优秀博士学位论文;2021级博士生崔哲思已发表6篇高水平SCI论文,获得中国地理信息科技进步奖二等奖;毕业生马娟获评2022年度中国地质学会青年科技"银锤奖";2018届毕业生陈麒玉入选"地大学者"青年拔尖人才。

艺术与传媒学院
地学科普传播导学团队

◐ 团队成员照片

　　地学科普传播导学团队现有导师7人(张梅珍、尚嫒嫒、黄爱武、宁薇、刘义昆、方浩、刘先国),在读研究生34人,涵盖新闻传播学、设计学、地学学科。在研究生培养过程中,团队始终坚持教学与德育并举,实现思政与学理融通、教学与科研协同、专业知识和其他领域打通。近年来围绕地学科普传播方向,致力于传播地球科学知识、传承地学文化、培养地学科普传播人才,开展形式多样的学术研究和科普创作,形成了一批有鲜明地大特色的理论研究和实践成果。

一是建立一支臻至学术、方向明确、踏实进取的导师队伍。团队成员教授2名、副教授5名。虽然学科背景不同,但在近几年的人才培养实践中,逐步形成了特色鲜明的地学科普传播方向。张梅珍教授担任湖北省科技传播学会秘书长,致力于科普传播理论创新和科普传播人才培养模式的研究,相关研究成果获湖北省社科成果优秀成果奖三等奖、湖北省高等学校优秀教学成果奖二等奖;方浩、刘先国先后荣获湖北省优秀科普工作者;尚媛媛、黄爱武、宁薇多次获批中国科协等单位纵向课题。

二是打造"学术、价值、育人"三维协同的导学共同体。根据每个学生的不同特点,发挥他们各自的优势,倡导以学术研究培养学生学术创新和理论创新能力,以实践创作提升学生应用能力和综合素质的育人模式。先后有11名学生发表高水平论文,获省级及以上作品奖22项。学生黄志炜负责的"艺心向党我与党徽共闪光"项目获教育部第二届全国高校"两学一做"支部风采展示活动精品案例。

团队定期召开组会进行专题学术研讨

三是文化育人,引导学生全面成才。学校的很多大型活动如建党百年庆典、建校70年等系列新闻报道中,总能见到研究生王慧超、刘佳雨等学生的名字,他们用文字书写地大红色文化故事;完成的科教片《探秘地球关键带》《月牙泉的前世今生》等在国家级、省部级竞赛中屡获大奖,科教片《问难舟曲》在央视新闻频道播出,他们用镜头记录科学的奥妙、地球的神奇;学生王雪蓉在学校建党百年献礼片《党的女儿》中出镜主持,该片已在芒果 TV 播出;学生李芷怡在学校的舞台剧《大地之光》中扮演主角楚芸,他们用声音传递宜居地球,美丽中国的大学方略。

用文字书写,用镜头记录,用声音传递——他们在地大这样讲地学科普故事,在讲好地学科普故事的同时收获了成果和荣誉。

马克思主义学院
思想政治教育导学团队

团队成员照片

马克思主义学院思想政治教育导学团队,目前由院长阮一帆教授带头,集聚了 18 名博士研究生、27 名硕士研究生。团队专注于大学生思想政治教育理论与实践研究、中国化马克思主义理论及教育研究、中外思想政治教育比较研究,是国内研究德国政治教育的主要团队之一,在本领域学术界具有一定影响力。

团队全面落实导师立德树人职责,秉持人才培养与科学研究并举、严谨治学与人文关怀并行的导学理念,着力构建师生相宜、互助共进的导学共同体。在德行培养上,团队导师通过治学过程的言传身教,培育学生的社会责任感、使命感和担当精神。在学术训练上,团队导师积极为学生提供依托国家、省部级课题项目的锻炼机会,鼓励并资助学生参加各种学术会议,支持并指导学生走出课堂,开展理论宣讲、社会调查等社会实践活动,同时积极推举学生前往美国、德国、日本等国高校开展学术交流训练,开阔学术视野。

阮一帆正在指导学生　　　　阮一帆与部分毕业学生合影

团队导师全程靠前指导,同时搭建高年级对低年级、老生对新生、博士对硕士的互助梯队,形成全方位导学互动模式。在学业和科研之外,团队导师关注学生未来职业发展问题,在导学交往互动过程中引导学生逐步明晰个人职业发展规划,为学生提供就业指导及信息;同时关注学生心理稳定与健康发展,通过交心谈心,了解学生学习生活状况,把握学生思想心理状态,帮助学生疏解心理压力,引导学生树立积极人生态度。

团队成立以来,牢记"为党育人、为国育才"初心使命,坚持立德树人根本任务,以服务需求为导向,培养了一批具备扎实马克思主义理论素养、系统掌握思想政治教育学科知识、能够在党政机关、企事业单位等从事思想政治工作的专业人才。立足党和国家事业发展需要,聚焦学科建设重点、难点、热点问题,团队先后承担多项国家社会科学基金和省部级项目,并在《马克思主义研究》《人民日报》(理论版)、《光明日报》(理论版)、《思想理论教育导刊》《高等教育研究》《比较教育研究》等核心刊物上发表一批高质量学术论文,其中多篇被人大报刊复印资料、《新华文摘》全文转载或论点摘编,同时出版《德国政治教育研究》《德国联邦政治教育中心发展历史研究》《地学、哲学与社会：走向思辨的地学之旅》《大学生理论宣讲与实践创新案例精编》等多部学术著作，研究成果多次获得省部级及以上奖励。近两年来，团队报送的决策咨询报告多次被上级部门内参采纳。

国家地理信息系统工程技术研究中心智慧地球导学团队

团队成员照片

团队起源于 2005 年陈能成教授开设的研究生"网络地理信息系统与服务"课程教学组，2013—2021 年期间团队举办了 200 余期"智慧地球"学术论坛，团队 2016 年入选湖北省自然科学基金创新群体，2017 年入选科技部创新人才推进计划重点领域创新团队，2021 年团队整体加盟国家地理信息系统工程技术研究中心。

团队由陈能成、陈泽强、胡楚丽、杨超、张翔、王珂、杜文英、许磊 8 名导师及其所指导的研究生组成。其中，教授 5 人、国家级高层次人才 2 人次、省部级青年优秀人才 3 人。研究生 107 人、其中博士生 19 人、硕士生 88 人。目前承担和参与教授12门本科课程和5门研究生课程,主导了国家地理信息系统工程技术研究中心,参与了自然资源信息管理与数字孪生工程软件教育部工程研究中心的建设与运行。团队近5年承担了各类科研项目30余项,其中国家重点研发计划项目2项、国家自然科学基金项目7项,团队获得全球智慧城市技术创新奖、国家科技进步奖2项、省部级奖项6项、测绘地理信息行业特等奖1项。

秉承"融合创新、追求卓越"的团队文化,团队聚焦"对地观测传感网"和"时空数字孪生"等"智慧地球"全域感知与即时呈现国际学术前沿,围绕智慧城市、数字孪生流域、数字乡村振兴等国家重大需求,注重高水平科研成果向教材教案的凝练转化,建立了"本研贯通-问题驱动-理论统领-技术牵引-实践落地"五位一体的教学方法,形成了"科研反哺、五位一体、三能融合"的育人理念,培养了一批具有创新思维、掌握核心技术、勇于参与国际竞争的地理信息系统人才。

陈能成指导团队老师开展科学研究和人才培养

团队成立以来,通过承担国家重点研发计划项目、国家重点基础研究发展计划子课题、国家高技术研究发展计划子课题等,带领学生开展跨领域前沿交叉研究与工程实践,培养了一批具有前沿技术创新精神与技术集成能力强的地理信息人才。已培养毕业博士生20人(近5年15人)、硕士生80人(近5年60人),

近 5 年研究生以第一作者身份发表 SCI/SSCI 论文 66 篇、6 人参与国际标准研制、8 人次获国家奖学金、5 人获研究生学术创新奖(其中一等奖 2 人)。

陈能成指导学生开展时空信息综合感知基站的研发